PRINCIPES

DE

PERSPECTIVE LINÉAIRE

IMPRIMERIE PANCKOUCKE,
rue des Poitevins, 14

PRINCIPES

DE

PERSPECTIVE LINÉAIRE

APPLIQUÉS D'UNE MANIÈRE MÉTHODIQUE ET PROGRESSIVE

AU TRACÉ DES FIGURES

DEPUIS LES PLUS SIMPLES JUSQU'AUX PLUS COMPOSÉES

PAR M. A. BOUILLON

ARCHITECTE

AUTEUR DES PRINCIPES ET DES EXERCICES DE DESSIN LINÉAIRE

PARIS

CHEZ L. HACHETTE, LIBRAIRE DE L'UNIVERSITÉ

RUE PIERRE-SARRAZIN, 12

1841

[illegible]

[illegible]

[illegible]

[illegible]

PRINCIPES
DE PERSPECTIVE LINÉAIRE.

PRÉLIMINAIRES.

Pour expliquer le phénomène de la *vision*, c'est-à-dire la perception par l'organe de la vue des objets extérieurs, on admet que chaque point éclairé, soit par la lumière solaire, soit par la lumière artificielle, lance dans toutes les directions des rayons lumineux, et que ce sont ces rayons qui, en venant frapper l'organe de la vue, nous donnent la perception des différents points. Si l'on conçoit maintenant qu'entre notre œil et les points de l'espace qu'il peut apercevoir, on ait placé une surface transparente, telle qu'une vitre, et que chacun des rayons lumineux dirigés des points à notre œil, en traversant la vitre, y ait laissé une trace qui présente une image parfaite des points placés devant nous, cette trace sera ce qu'on appelle une *perspective*, et la vitre sera un *tableau*; c'est cette image idéale, qui nous semble tracée sur la vitre à travers laquelle nous regardons, que la science de la perspective nous apprend à fixer sur le papier ou sur la toile. Cette science, que les anciens semblent avoir presque totalement ignorée, est parvenue de nos jours à un point qu'il semble difficile de surpasser, et les *panoramas*, ainsi que les *dioramas*, de création toute moderne, produisent une illusion telle que le spectateur en vient à douter s'il n'a réellement devant lui qu'une toile et des couleurs.

On distingue la *perspective linéaire* et la *perspective aérienne*. La première, qui est toute géométrique, n'a pour but que de reproduire la direction exacte des lignes; la seconde, qui s'appuie sur les considérations les plus délicates de l'optique, nous apprend à donner à chaque point du tableau le degré de lumière qui lui est propre relativement à sa distance de notre œil et au foyer de lumière qui l'éclaire. Cette dernière s'appelle aussi la science du *clair-obscur*, expression que les artistes emploient de préférence. La science du *clair-obscur*, qui constitue principalement le talent du *coloriste*, n'est souvent que le résultat du *sentiment;* cependant, sans une connaissance approfondie des lois de l'optique, on ne serait jamais parvenu à passer du cadre d'un tableau aux immenses toiles des panoramas et des dioramas.

Nous ne devons nous occuper dans cet ouvrage que de la perspective linéaire; cependant nous donnerons quelques notions sur la dégradation des tons, lorsque nous nous occuperons de la perspective des ombres.

Nous croyons devoir faire précéder l'étude de la perspective linéaire de l'exposition des principes de géométrie sur lesquels reposent la théorie et la pratique de cette science : ce sera le but de la première partie de notre ouvrage. La deuxième partie sera consacrée à la perspective des lignes, des surfaces et des corps solides, et la troisième comprendra la perspective des ombres et celles des réflexions dans les eaux et dans les miroirs.

PREMIÈRE PARTIE.

NOTIONS DE GÉOMÉTRIE PRATIQUE.

CHAPITRE PREMIER.

Des angles.

§ 1er. — Définitions.

1. — La Géométrie est une science dont le but est la mesure de l'étendue.

2. — On distingue trois sortes d'étendues :

1°. L'étendue en longueur, ou *ligne*.

2°. L'étendue en longueur et largeur, ou *surface*.

3°. L'étendue en longueur, largeur et épaisseur, que l'on nomme *volume, solide* ou *corps*.

3. — Les extrémités d'une ligne ou la rencontre, autrement appelée intersection, de deux lignes qui se coupent, se nomment *points*. Le point est une portion d'étendue qui a infiniment peu de largeur, de longueur et d'épaisseur.

4. — La trace d'un point qui se meut de manière à tendre toujours vers un seul et même but, se nomme *ligne droite*. AB, *fig.* 1, est une ligne droite; c'est le plus court chemin d'un point à un autre.

Les lignes droites de peu de longueur se tracent à la règle; mais quand il s'agit de tracer des lignes droites d'une certaine étendue, comme dans un grand tableau ou dans les décorations de théâtre, on se sert d'une ficelle frottée avec du blanc d'Espagne, que l'on fixe aux extrémités de la ligne en la tendant fortement; on pince la ficelle pour l'élever au-dessus de la surface sur laquelle on opère, et, en retombant, elle trace une ligne droite.

5. — La ligne ABCDE, *fig.* 2, composée de plusieurs lignes droites qui se coupent, est une ligne brisée.

6. — Parmi toutes les lignes droites, on distingue la ligne *verticale*, qui suit la direction du fil à plomb. Cette ligne, qui se présente à chaque instant à nos yeux, est de l'usage le plus fréquent dans la perspective. C'est au moyen de la ligne verticale que l'on juge de la direction de toutes les autres lignes dans la nature ou dans un tableau.

7. — La trace d'un point qui, dans son mouvement, se détourne infiniment peu à chaque pas, est une ligne courbe. ABC, *fig.* 3, est une ligne courbe. On voit qu'il peut y avoir une infinité de lignes courbes.

8. — De toutes les lignes courbes, la plus importante à connaître, par son usage habituel, est la circonférence de cercle.

On appelle ainsi, *fig.* 4, une ligne courbe BCDF dont tous les points sont éloignés également d'un même point A.

Le point A se nomme *centre*; une ligne droite telle que AB, qui va du centre à la circonférence, se nomme *rayon*, et celle BD, qui, passant par le centre, se termine de part et d'autre à la circonférence, se nomme *diamètre*. Le diamètre partage la circonférence en deux parties parfaitement égales. Les portions CDE, EFB se nomment *arcs*. Une droite telle que CE, qui va de l'extrémité C d'un arc à l'autre extrémité E, se nomme *corde*.

La surface renfermée par la circonférence se nomme *cercle*.

9. — Les circonférences d'une petite dimension se tracent au compas; quant à celles qui ont une certaine étendue, on se sert, pour les tracer, d'un cordeau que l'on fixe au centre et que l'on fait mouvoir en le tendant fortement. Tous les points de ce cordeau décrivent des circonférences de cercle. Il suffit, pour tracer une circonférence donnée, d'attacher à ce cordeau une pointe ou un crayon à une distance du point fixe égale au rayon de la circonférence que l'on veut décrire.

10. — Pour le tracé d'une courbe en général, on marque un certain nombre de points par lequel doit passer la courbe, et on unit ces points par des portions de courbe que l'on trace, soit à la main, soit au moyen d'un instrument en bois nommé *pistolet.* Ce tracé demande beaucoup d'adresse et de précision pour éviter, dans les courbes, des rencontres trop brusques que l'on appelle *jarrets.*

11. — La ligne A B C D E, *fig.* 5, composée de lignes droites et de lignes courbes, se nomme *ligne mixte.*

12. — Dans les opérations graphiques, telles que celles de la perspective, on emploie deux sortes de lignes : les lignes pleines A B, *fig.* 6, servant à marquer les contours des surfaces et des corps, et les lignes ponctuées *ab*, *fig.* 6 *bis*, servant à la construction des figures. On appelle aussi ces dernières *lignes d'opération.*

13. — *Des angles.* Deux lignes A B, A C, *fig.* 7, qui se rencontrent, forment entre elles une ouverture plus ou moins grande. Cette ouverture B A C se nomme *angle.*

Un angle est dit *rectiligne, curviligne, mixtiligne,* selon que les lignes qui le renferment sont toutes deux lignes droites, *fig.* 7, ou toutes deux lignes courbes, *fig.* 8, ou l'une une ligne droite et l'autre une ligne courbe, *fig.* 9.

Le point A, *fig.* 7, où se rencontrent les deux lignes A B, A C, s'appelle le sommet de l'angle, et les lignes A B, A C en sont les côtés. On désigne un angle par trois lettres, en mettant dans le milieu la lettre indiquant le sommet. Ainsi, l'angle tracé, *fig.* 7, est l'angle B A C.

14. — Deux angles sont égaux lorsqu'en les superposant, les sommets et les côtés se confondent.

15. — Un angle B A C, *fig.* 10, a pour mesure l'arc B C compris entre ces côtés, c'est-à-dire que la circonférence du cercle étant divisée en 360 degrés, le degré en 60 parties ou minutes, et la minute en 60 parties ou secondes, et le sommet de l'angle étant placé au centre de la circonférence, l'angle a pour mesures le nombre de degrés, minutes et secondes comptés sur la partie de circonférence comprise entre ses côtés. On se sert dans la pratique, pour mesurer les angles sur le papier, ou pour former ceux dont on a besoin, d'un instrument représenté *fig.* 11, nommé *rapporteur :* c'est un demi-cercle en cuivre ou en corne, divisé en 180 degrés, et dont le centre, dans celui de cuivre, est marqué par une petite échancrure *c.* Quand on veut mesurer un angle tel que B A C, on applique le centre *c* sur le sommet A de l'angle que l'on veut mesurer, et le rayon *cb* sur l'un A C des côtés de cet angle. Alors le côté A B, prolongé s'il est nécessaire, fait connaître, par celle des divisions de l'instrument par laquelle il passe, de combien de degrés est l'arc du rapporteur compris entre les côtés de l'angle, et, par conséquent, de combien de degrés est cet angle.

16. — Toute ligne droite A B, *fig.* 12, en tombant sur une autre droite C D, forme un angle à droite et à gauche. Si, *fig.* 13, les deux angles A B D, A B C sont égaux, ce sont des *angles droits.*

Si, *fig.* 14, les deux angles sont inégaux, l'angle A B C, plus petit que l'angle droit G B C, se nomme *angle aigu,* et l'angle A B D plus grand que le même angle C B D, se nomme *angle obtus.*

17. — Lorsque, *fig.* 13, une ligne droite A B, en tombant sur une autre C D, forme avec celle-ci deux angles égaux, on dit que cette droite lui est *perpendiculaire.*

18. — La perpendiculaire à une ligne verticale, *fig.* 6, est une ligne *horizontale* ou *de niveau.* Une ligne droite placée à la surface d'une eau tranquille, est une ligne horizontale.

La ligne horizontale est d'un usage aussi fréquent que la ligne verticale, et l'œil exercé par l'habitude du dessin, finit par acquérir un tel sentiment de ces deux lignes, qu'il est désagréablement affecté, lorsque des objets qui doivent suivre la direction de ces deux lignes s'en écartent d'une manière même peu sensible.

19. — On appelle *ligne oblique* toute ligne A B, *fig.* 14, qui, en tombant sur une autre ligne C D, forme avec elle deux *angles inégaux :* l'un aigu A B C, l'autre obtus A B D.

20. — Deux droites, A B, C D, *fig.* 15, tracées sur une même surface plane, telle qu'un tableau, une feuille de papier, etc., sont parallèles lorsqu'elles ne peuvent se rencontrer à quelque distance qu'on les imagine prolongées, ou autrement, lorsqu'elles sont partout à une égale distance.

Les parallèles *ab*, *cd*, comprises entre des parallèles sont égales.

21. — Toute droite A B, *fig.* 16, perpendiculaire à l'extrémité d'un rayon C D, se nomme *tangente ;* une tangente ne rencontre la circonférence qu'en un point.

22. — On appelle *sécante, fig.* 17, une ligne C D qui rencontre la circonférence en deux points.

§ II. — Constructions relatives aux angles et aux lignes droites.

23. — *Faire un angle égal à un angle donné sans se servir du rapporteur.* Soit B A C, *fig.* 18, l'angle donné, *ac, fig.* 18 *bis*, un des côtés de l'angle à construire, et le point *a* son sommet. D'une ouverture de compas arbitraire, et du point *a* comme centre, décrivez un arc indéfini *bx* ; reportez ensuite, *fig.* 18, la pointe du compas sur le sommet A de l'angle donné, décrivez avec la même ouverture l'arc de cercle B C, compris entre les deux côtés de cet angle, et ayant pris avec le compas la grandeur de la corde B C, décrivez du point *b* comme centre, *fig.* 18 *bis*, avec B C pour rayon, un arc de cercle qui, par sa rencontre avec l'arc de cercle *bx*, donne le point *c*, par lequel et le point *a* tirant la ligne *ac*, on aura construit l'angle *bac* égal à l'angle B A C.

24. — *Partager un angle donné en un certain nombre d'angles égaux.* Supposons d'abord qu'il s'agisse de diviser l'angle A B C, *fig.* 19, dans un nombre impair de parties, en trois, par exemple : décrivez du sommet B de l'angle, et avec une ouverture de compas arbitraire, l'arc de cercle A C compris entre les côtés de l'angle ; divisez cet arc de cercle en trois parties égales A E, E D, D C, et par le sommet ainsi que par chacun des points de division D, E, tirez les lignes B D, B E, et l'angle A B C sera divisé en trois angles égaux.

Soit proposé maintenant de partager l'angle M N O, *fig.* 20, en deux parties égales.

Du sommet N comme centre, et avec une ouverture de compas arbitraire, tracez un arc de cercle ; portez ensuite la pointe du compas aux points M, O, où l'arc de cercle vient couper les côtés ; puis, avec une ouverture de compas plus grande que la moitié de M O, décrivez deux arcs de cercle qui se coupent au point P, et tracez la droite N P, qui partage l'angle M N O en deux parties égales.

On pourrait, par la même opération, diviser chacun des angles M N P, P N O en deux angles égaux. Ainsi, par des sous-divisions successives, on diviserait un angle donné en quatre angles égaux, en huit, en seize, etc.

25. — *Faire un angle droit.* Décrivez, *fig.* 21, une circonférence de cercle ; tirez le diamètre E F, prenez un point quelconque G sur la circonférence, et joignez, par des lignes droites, le point G à chacun des points E, F. L'angle E G F sera un angle droit.

26. — *Élever une perpendiculaire sur une ligne droite.* L'instrument dont on se sert habituellement pour élever les perpendiculaires, et représenté *fig.* 22, se nomme *équerre*. Cet instrument, dont deux des côtés *ab, bc* sont perpendiculaires entre eux, se fait en bois, en métal ou en verre.

Pour élever une perpendiculaire à l'équerre sur une ligne droite *lm, fig.* 23, on place une règle contre la ligne droite, et on y appuie un des côtés *bc* de l'angle droit de l'équerre. La ligne droite tracée le long du côté *ab* est perpendiculaire à *lm*.

La sécheresse et l'humidité de l'air ayant une grande influence sur l'exactitude des équerres en bois, qui sont celles le plus en usage, on devra préférer les constructions suivantes.

27. — *Par un point* A, *donné sur une ligne* lm, *élever une perpendiculaire, fig.* 24. Prenez, à égale distance du point A, deux points, B et C ; portez successivement la pointe du compas aux points B et C, et, avec une même ouverture plus grande que A B, décrivez deux arcs de cercle qui se coupent en D. La droite D A sera la perpendiculaire demandée.

28. — *Mener une perpendiculaire par le milieu d'une droite* A B, *fig.* 25. Placez successivement la pointe du compas en A et en B, et, avec une même ouverture plus grande que la moitié de A B, décrivez deux arcs de cercle de chaque côté de cette ligne. Par les points C, D, où se coupent ces arcs, tracez la droite C D, qui sera perpendiculaire et passera par le milieu de A B.

29. — *D'un point* A *donné hors d'une droite* C D, *abaisser une perpendiculaire sur cette droite, fig.* 26. Posez la pointe du compas en A, et, avec une ouverture plus grande que la distance du point A à la ligne C D, décrivez un arc de cercle qui coupe cette ligne aux points E, F ; reportez ensuite successivement la pointe du compas en E et F, et, avec une même ouverture plus grande que la moitié de E F, tracez deux arcs de cercle ; par le point G d'intersection des deux arcs de cercle, et par le point A, tirez la droite A G qui sera la perpendiculaire demandée.

30. — *Mener une perpendiculaire par l'extrémité* B *d'une droite* A B, *fig.* 27. Placez une des pointes du compas en un point C pris en dehors de la ligne A B, et l'autre au point B. Avec cette ouverture, décrivez une circonférence de cercle ; par le point D où cette circonférence coupe la ligne A B, et par le point C tracez une ligne que vous prolongerez jusqu'à ce qu'elle rencontre la circonférence au point E, et tirez la droite B E, qui sera la perpendiculaire demandée.

31. — *Mener une parallèle à une ligne donnée.* Pour tracer les parallèles, on emploie sans inconvénient la règle et l'équerre.

Supposons qu'il s'agisse de mener par le point A, *fig.* 28, une parallèle à la ligne B C. Posez l'équerre *abc* de manière à ce qu'un des côtés, *ab*, par exemple, soit placé sur la ligne B C ; fixez alors une règle E F contre l'autre côté *bc*, et maintenez-la fortement sur le papier ou sur le tableau avec la main gauche. Faites alors glisser l'équerre avec la main droite jusqu'à ce que le côté *ab* se trouve sur le point A, et tracez la ligne *xy* parallèle à B C.

CHAPITRE II.

Figures rectilignes.

32. — On appelle figure rectiligne l'espace renfermé entre des lignes droites qui se coupent deux à deux ; telle est la *fig.* 29.

33. — Deux figures, A B C D, *abcd, fig.* 30, sont égales lorsqu'en les superposant suivant une de leurs lignes correspondantes, elle se confondent en une seule et même figure. C'est ainsi que, si l'on place la ligne *ab* d'une des figures sur la ligne correspondante A B de l'autre figure, de manière que le point *a* tombe au point A, et le point *b* au point B, les lignes *bc, cd, ad* couvriront nécessairement les lignes B C, C D, A D.

34. — Deux figures, G H I K, *ghik, fig.* 31, sont semblables si les angles correspondants dans les deux figures sont égaux, ou si les côtés correspondants ou homologues sont dans les mêmes rapports ; ici, par exemple, le côté *gh* d'une des figures étant la moitié du côté G H de l'autre figure, les côtés *hi, ik, kg* seront aussi les moitiés des côtés homologues H I, I K, K G.

Toutes les opérations de la perspective se réduisent à la construction de figures semblables.

Une figure semblable à une figure donnée ou *originale*, mais dans une proportion plus petite, se nomme *réduction*.

I. *Figures à trois côtés ou triangles.*

§ I. — Définitions.

35. — Toute figure ABC, *fig.* 32, renfermée par trois lignes droites est un *triangle*.

On distingue plusieurs sortes de triangles :

1°. Le *triangle rectangle* ABC, *fig.* 33, qui a un angle droit ACB. Le côté AB, opposé à l'angle droit, se nomme *l'hypoténuse;*

2°. Le *triangle isoscèle* CDE, *fig.* 34, qui a deux côtés égaux, CD, CE;

3°. Le *triangle équilatéral* IFGH, *fig.* 35, qui a ses trois côtés égaux;

4°. Le *triangle scalène* IKL, *fig.* 36, dont les trois côtés sont inégaux.

La hauteur d'un triangle, *fig.* 36, est la perpendiculaire *im* abaissée du sommet d'un des angles sur le côté opposé, prolongé, s'il est nécessaire, comme dans la *fig.* 37.

Le côté KL, sur lequel tombe la perpendiculaire mesurant la hauteur du triangle, est la base du triangle.

36. — Deux triangles, ABC, *abc*, *fig.* 38, sont égaux quand ils ont un angle égal, ABC, *abc*, adjacent à deux côtés égaux, AB, BC, *ab*, *bc*.

37. — Deux triangles, DEF, *def*, *fig.* 39, sont égaux quand ils ont un côté égal, DE, *de*, adjacent à deux angles égaux, EDF, *edf*, DEF, *def*.

38. — Deux triangles, GHI, *ghi*, *fig.* 40, sont égaux lorsqu'ils ont les trois côtés égaux chacun à chacun.

39. — Deux triangles, ABC, *abc*, *fig.* 41, sont semblables;

1°. Lorsque leurs côtés correspondants sont dans le même rapport;

2°. Lorsqu'ils ont deux angles égaux chacun à chacun ;

3°. Lorsqu'ils ont les côtés parallèles;

4°. Lorsqu'ils ont leurs côtés perpendiculaires chacun à chacun.

40. — Dans tout triangle ABC, *fig.* 42, les droites DB, EB menées, par les points D, E, pris sur un des côtés, au sommet de l'angle opposé B, divisent toute droite GH menée parallèlement au côté AC, entre les côtés AB et BC, dans le même rapport que AC, c'est-à-dire en parties qui ont entre elles les mêmes rapports que les parties correspondantes de AC. Si AC est divisé en parties égales, GH se trouve aussi divisé en parties égales.

41. — Dans tout triangle ABC, *fig.* 43, les droites EF, GH, IJ, menées parallèlement à un des côtés BC, divisent les côtés AC et AB dans le même rap-port, c'est-à-dire que les divisions AE, EG, GI, IB sont dans le même rapport entre elles que les parties correspondantes AF, FH, HJ, JC, comme il vient d'être expliqué plus haut.

§ II. — Constructions relatives aux triangles.

42. — *Dessiner un triangle rectangle.* Tracez un des côtés AB, *fig.* 44; par le point A élevez une perpendiculaire A*m* (30); prenez sur cette perpendiculaire un point C, et achevez le triangle en tirant la droite CB.

43. — *Dessiner un triangle isoscèle.* Tracez une droite AB, *fig.* 46; des points A et B, comme centres, décrivez, avec une même ouverture de compas, deux arcs de cercle qui se coupent au point C, et tirez les droites CA, CB.

44. — *Dessiner un triangle équilatéral.* Tracez un des côtés AB, *fig.* 46; des points A et B, comme centres, avec une ouverture de compas égale à AB, décrivez deux arcs de cercle qui se coupent au point C, et achevez le triangle en tirant AC et BC.

45. — *Copier un triangle dans les mêmes proportions, ou faire un triangle égal à un triangle donné.* Soit donné à copier le triangle ABC, *fig.* 47.

1re Construction. — Faites en *b*, *fig.* 48, un angle égal à l'angle ABC; portez sur *bm*, *an*, côtés de l'angle, les grandeurs des côtés BA, BC aux points *a* et *c*, et tirez la droite *ac* (36).

2e Construction. — Tracez *bc*, *fig.* 49, égale à BC; faites aux points *b* et *c* des angles respectivement égaux aux angles CBA, ACB; prolongez les côtés des angles qui se couperont en *a*; le triangle *abc* sera égal au triangle ABC (37).

3e Construction. — Tracez *bc*, *fig.* 50, égal au côté BC; prenez successivement une ouverture de compas égale à BA et à CA, et des points *b* et *c*, comme centres, décrivez deux arcs de cercle qui se coupent en *a*. Achevez le triangle en tirant les droites *ab*, *ac* (38).

46. — *Copier un triangle dans une proportion donnée, ou faire un triangle semblable à un triangle donné.* Supposons que le triangle ABC, *fig.* 51, doive être copié en le réduisant à la moitié de ses dimensions.

1re Construction. — Tracez *ab*, *fig.* 52, égal à $\frac{1}{2}$ AB; prenez successivement une ouverture de compas égale à la moitié des côtés AC, BC, et des points *a* et *b* comme centres, décrivez deux arcs de cercle; par le point *c* d'intersection tracez les droites *ac*, *bc*; le triangle *abc* sera la réduction demandée (39).

2e Construction. — Tracez *ab*, *fig.* 53, égal à $\frac{1}{2}$ AB. Faites aux points *a* et *b* deux angles respectivement égaux aux angles CAB, CBA, et prolongez les côtés qui se couperont en *c*; le triangle *abc* est dans la proportion voulue (39).

3e Construction. — Tracez *ab*, *fig.* 54, égal à $\frac{1}{2}$ AB, et par les points *a* et *b* menez des parallèles à AC et BC; le résultat sera encore le même (39).

47. — *Diviser une ligne donnée en parties égales.*

1re Construction. — Soit la ligne A B, *fig.* 55, à diviser en 6 parties égales. Par le point A tracez arbitrairement la ligne indéfinie A C ; portez sur cette ligne, à partir du point A , et avec une ouverture de compas arbitraire, 6 parties égales aux points 1, 2, 3, 4, 5 et C ; achevez le triangle A B C , et par chacun des points de division tirez une parallèle à B C. Ces parallèles diviseront la ligne A B en 6 parties égales (41).

2e Construction. — Soit la ligne A B, *fig.* 56, à diviser en 4 parties égales. Par le point A tirez l'oblique A D ; prenez sur cette ligne, au-dessous de A B, un point E par lequel vous mènerez une parallèle à A B ; portez quatre fois une ouverture de compas arbitraire sur cette parallèle ; par le dernier point de division F, et par le point B, tirez F B qui rencontre A D prolongée au point C , et joignez, par des droites les points de division et le point G ; ces droites partageront A B en 4 parties égales (40).

II. Figures à quatre côtés ou quadrilatères.

§ I. — Définitions.

48. — Toute figure A B C D , *fig.* 57, renfermée entre quatre lignes droites, est un quadrilatère.

Les lignes A C , B D, qui unissent les sommets de deux angles opposés , sont des diagonales.

On distingue plusieurs sortes de quadrilatères :

1°. Le quadrilatère simplement dit, *fig.* 57, dont aucun des côtés n'est parallèle à un autre ;

2°. Le *trapèze*, *fig.* 58, dont deux des côtés A B, C D sont parallèles entre eux ;

3°. Le *parallélogramme*, *fig.* 59, dont les côtés opposés A B C D, A C B D sont parallèles.

Il existe quatre sortes de parallélogrammes :

Le *rhombe*, *fig.* 59, dont les côtés contigus A B A C, C D B D sont inégaux ;

Le *lozange*, *fig.* 60, dont les côtés sont égaux ;

Le *rectangle*, *fig.* 61 , *planche* 2, dont les angles sont droits et les côtés contigus inégaux ;

Le *carré*, *fig.* 62, dont les angles sont droits et les côtés égaux.

Dans le trapèze et le parallélogramme, on appelle *hauteur* la perpendiculaire E F, comprise entre deux côtés parallèles, *fig.* 58 et 59.

49. — Dans tout parallélogramme, les diagonales se coupent dans leur milieu ; ce point d'intersection est le *centre* de la *figure*.

50. — Dans le lozange et le carré, les diagonales sont perpendiculaires entre elles.

51. — Dans le *rectangle* et le *carré*, les diagonales sont égales.

52. — Les droites *ab*, *cd*, *fig.* 59, menées parallèlement aux côtés d'un parallélogramme par le centre de la figure, divisent ces côtés en deux parties égales.

§ II. — Constructions relatives aux quadrilatères.

53. — *Dessiner un trapèze*. Il suffit, *fig.* 63, de mener deux parallèles A B, C D (31), et deux obliques A C et B D.

54. — *Dessiner un parallélogramme*. Tracez, *fig.* 64, deux côtés contigus A C, C D. Du point D, avec une ouverture de compas égale à A C, et du point A, avec une ouverture de compas égale à C D, décrivez deux arcs de cercle, qui se coupent au point B, et tracez les droites B A, B D.

55. — *Dessiner un lozange*. Tracez, *fig.* 65, deux droites égales A C, A B, se coupant au point A. Des points C et B, avec une ouverture de compas égale à A B, décrivez deux arcs de cercle, et par le point D d'intersection, tirez les droites C D, B D.

56. — *Dessiner un rectangle*. Tracez, *fig.* 66, la base A B, et à l'extrémité B élevez une perpendiculaire (30) ; prenez sur cette perpendiculaire un point C ; de ce point, avec une ouverture de compas égale à A B, et du point A, avec une ouverture de compas égale à B C, décrivez deux arcs de cercle qui se coupent en D ; achevez le rectangle en traçant les droites C D, A D.

57. — *Dessiner un carré*. 1re Construction. — Opérez comme pour le rectangle, avec cette différence que vous porterez sur la perpendiculaire la hauteur de la base.

2e Construction. — Tracez le côté du carré A B, *fig.* 67. Par le milieu élevez une perpendiculaire (28) sur laquelle vous porterez au point O la moitié de A B ; de ce point comme centre, avec une ouverture de compas égale à O A ou O B, décrivez une circonférence de cercle. Tirez les diamètres A D, B C, et achevez le carré en menant les lignes A C, B D et C D.

58. *Copier un quadrilatère*. Supposons qu'il s'agisse de copier le quadrilatère A B C D, *fig.* 68, dans une égale proportion. Tirez une des diagonales A D, tracez une droite *ad* égale à la diagonale, et construisez sur cette droite deux triangles égaux *acd*, *abd* égaux aux triangles A C D, A B D (45).

S'il fallait copier le quadrilatère dans un rapport plus grand ou plus petit, *fig.* 69, on construirait deux triangles semblables (46).

On parvient, au moyen de cette décomposition en triangles, à copier les figures les plus compliquées.

III. Des figures autres que les triangles et les quadrilatères.

§ I. — Définitions.

59. — On appelle plus particulièrement *polygones* les figures rectilignes terminées par plus de quatre lignes droites.

60. — Les *polygones réguliers* sont ceux dont tous les angles et tous les côtés sont égaux.

Le centre d'un polygone régulier est le point où se coupent toutes les perpendiculaires élevées par les milieux des côtés.

61. — Nous distinguerons parmi les polygones :

Le polygone à cinq côtés ou *pentagone*, celui à six côtés ou *hexagone*, celui à huit côtés ou *octogone*.

§ II. — Constructions relatives aux polygones.

62. — *Copier un polygone irrégulier donné, tel que le pentagone* ABCDE, *fig.* 70. Par le sommet d'un des angles du polygone tel que le sommet A, et par chacun des autres sommets, tirez les droites A C, A D, qui décomposent le polygone en triangles ayant deux à deux un côté commun, et construisez des triangles égaux et semblables (45 et 46), suivant que vous voulez avoir une figure égale ou semblable, telle que la figure *abcde* (*fig.* 71).

63. — *Dessiner un pentagone régulier.* Ayant décrit, *fig.* 72, du point A, comme centre, une circonférence de cercle, tirez le diamètre B C et le rayon A D perpendiculaire à B C. Divisez A B en deux parties égales au point E, et de ce point comme centre, avec D E pour rayon, décrivez un arc de cercle qui vient couper le diamètre B C au point F. Tirez D F, qui sera le côté du pentagone; il ne restera plus qu'à porter cinq fois sur la circonférence la grandeur D F aux points D, G, H, I, J, et à tirer les cordes D G, G H, ... J D.

64. — *Dessiner un hexagone régulier.* Décrivez, *fig.* 73, une circonférence de cercle; portez dessus six fois la grandeur du rayon A F, aux points B, C, D....G, et tirez les cordes B C, C D, ... G B.

65. — *Dessiner un octogone régulier.* Décrivez une circonférence de cercle, *fig.* 74, dans laquelle vous inscrirez le carré A B C D (57); élevez sur le milieu des côtés des perpendiculaires qui coupent la circonférence aux points H, G, F, et tirez les cordes A H, H B,... E A, qui sont les côtés de l'octogone.

66. — *Inscrire un octogone régulier dans un carré.* 1° Tirez dans le carré A B C D, *fig.* 74, les diagonales A D, B C; et, de leur point d'intersection E, avec le rayon E F, égal à la moitié des côtés du carré, décrivez une circonférence de cercle qui vient couper les diagonales aux points G, H, I, J. Par chacun de ces points, menez aux diagonales des perpendiculaires comprises entre les côtés contigus du carré; vous obtiendrez ainsi un octogone régulier inscrit dans le carré donné.

2° Tirez dans le carré, *fig.* 75, les diagonales A D, B C, et par leur point d'intersection, menez les droites *mm*, *nn* parallèles aux côtés du carré. Prenez alors la grandeur E B ou E A, et portez-la sur les droites *mm*, *nn* à partir du point E aux points K, L, M, tirez les droites K L, K M, K M, M N, qui, par leur intersection avec les côtés du carré, détermineront l'octogone.

67. — *Copier un polygone régulier.* Pour copier un polygone régulier dans une proportion donnée, il suffit de l'inscrire dans une circonférence dont le rayon soit dans le même rapport avec celui de la circonférence circonscrite au polygone donné.

CHAPITRE III.

Des lignes et surfaces courbes.

68. — *Circonférence de cercle.* Ayant donné dans le chapitre précédent, § 1 (8), la définition de la circonférence de cercle et des lignes qui y sont comprises, nous présenterons ici quelques constructions qui y sont relatives, et qui peuvent se rencontrer dans le dessin.

69. — *Par un point A mener une tangente à un cercle, fig.* 76. Tirez du point A le rayon C A, et menez à son extrémité une perpendiculaire A B (30).

70. — *Décrire un cercle d'une grandeur déterminée et qui touche un cercle donné en un point donné A, fig.* 77. Par le centre et par le point A tirez le rayon C A que vous prolongerez indéfiniment; puis, du point A vers B ou vers C (selon que l'un des cercles doit embrasser l'autre ou ne point l'embrasser), portez la grandeur du rayon du second cercle; après quoi du centre B ou D et du rayon B A ou D A, décrivez la circonférence.

71. — *Trouver le centre d'un cercle donné, fig.* 78. Prenez sur la circonférence donnée trois points A, B et C, et tirez les cordes A B et B C. Sur le milieu des cordes, *m*, *n*, élevez les perpendiculaires *xx*, *yy* (28). Le point D d'intersection de ces perpendiculaires est le centre cherché, et la ligne A D le rayon.

72. — *Faire passer une circonférence par trois points donnés non en ligne droite.* Soient A, B, C, *fig.* 79, les trois points donnés; tirez les droites A B, B C, sur le milieu desquelles vous élèverez les perpendiculaires *ff*, *gg*. Le point H d'intersection de ces perpendiculaires est le centre cherché, et la ligne H A le rayon de la circonférence.

73. — *Ogive.* L'ogive est une courbe A D B, *fig.* 80, dont les deux branches A D, B D sont formées de deux arcs de cercle.

74. — *Dessiner une ogive.* Tracez l'ouverture A B de l'ogive, *fig.* 80, et par le milieu C de A B, élevez une perpendiculaire sur laquelle vous porterez la hauteur ou *montée* C D; menez les droites A D, B D par le milieu desquelles vous élèverez les perpendiculaires *ee*, *ff* qui rencontreront A B prolongée aux points E, F. Ces points sont les centres des branches de l'ogive.

75. — *Ovale.* L'ovale, *fig.* 81, est une courbe fermée contenant un espace plus long que large. Cette courbe tire son nom de l'œuf, de la forme duquel elle se rapproche. La ligne A B qui partage l'ovale en deux parties égales dans le sens de la longueur, se nomme *grand axe*, et la perpendiculaire K L élevée sur le milieu *m* du grand axe, se nomme le *petit axe*.

76. — *Tracer un ovale dont on donne le grand axe* A B, *fig.* 81. Divisez A B en trois parties égales aux points C et D; construisez les deux triangles équilatéraux C E D, C F D (44), qui ont un côté commun C D, et dont vous prolongerez indéfiniment les côtés E C, E D, F C, F D. Des points C et D, avec un rayon égal A C ou D B, décrivez les arcs de cercle G A H, I B J, compris entre les prolongements des côtés des triangles; reportez ensuite successivement la pointe du compas aux points E, F, et avec un rayon égal à E G ou F J, tracez les arcs de cercle G I, H J qui termineront le contour de l'ovale.

77. — *Tracer un ovale dont on donne les deux axes* A B, C D, *fig.* 82. Du point E, intersection des deux axes, comme centre, avec la moitié du grand axe A B pour rayon, décrivez le quart d'une circonférence de cercle B F G; portez le rayon E B du point B au point F, et menez les droites B F, F E, F G. Par le point C, menez à F G une parallèle qui vient couper B F au point H, et par ce point menez H s parallèle à E F, et qui rencontre le grand axe en I, et le petit axe prolongé en J. Reportez sur A B la distance E I de E en I', et sur C D la distance E J de E en J'; les quatre points J J', I I' seront les quatre centres de l'ovale. Pour le décrire, tirez les droites J'I, J I, J'I', J I', que vous prolongerez. Des points I et I' comme centres, avec I'A ou I B pour rayon, décrivez les arcs de cercle compris entre les prolongements des droites J I, J'J, J'I', J'I; et avec J C ou J'C pour rayon, décrivez les deux arcs de cercle compris entre les prolongements des mêmes droites. Les quatre arcs de cercle doivent se joindre aux points k, l, m, H, sans former de jarrets.

78. — *Copier une courbe donnée.* Il arrive souvent dans le dessin de rencontrer des courbes qu'on ne peut tracer au compas : dans ce cas, on les trace par points de la manière suivante :

Soit donnée à copier la courbe représentée *fig.* 83. Prenez sur la courbe un certain nombre de points A, B, C, D, E, et tirez la droite A E, sur laquelle vous abaisserez les perpendiculaires B b, C c, D d. Tracez, *fig.* 84, une droite A E' égale à A E; portez sur cette droite les divisions A'b', b'c', c'd', d'E', égales à A b, b c, c d, d E, et par chacun des points b', c', d', élevez des perpendiculaires; portez alors la hauteur des points B, C et D aux points B', C' et D', et faites passer par les points A', B', C', D', E' une courbe qui sera la copie exacte de la courbe donnée.

79. — S'il s'agissait de copier la courbe dans une proportion donnée, par exemple de la réduire de moitié, on opérerait de la même manière, en ayant l'attention de ne prendre que la moitié de chacune des lignes d'opération tracées dans la figure à copier.

CHAPITRE IV.

Des plans et des corps solides.

§ Ier. — Des plans.

80. — On appelle plan une surface sur laquelle une ligne droite peut s'appliquer en tous sens. Une glace, un mur bien dressé, un carrelage, donnent l'idée du plan. Deux lignes qui se coupent sont dans un même plan.

81. — La rencontre d'une ligne et d'un plan se fait en un point qu'on appelle point d'intersection.

82. — Une ligne est perpendiculaire à un plan, lorsqu'elle ne penche d'aucun côté de ce plan.

La distance d'un point à un plan est la longueur de la perpendiculaire abaissée du point sur le plan.

83. — On nomme *projection* d'un point sur un plan, le pied de la perpendiculaire abaissée d'un point sur ce plan.

84. — Un plan est perpendiculaire à un autre plan, quand il ne penche ni d'un côté ni de l'autre de ce dernier.

85. — Un plan est perpendiculaire à un autre plan, quand il passe par une droite perpendiculaire à celui-ci; car il est évident qu'il ne peut incliner d'aucun côté du plan.

86. — Une ligne est parallèle à un plan, lorsqu'elle ne peut rencontrer ce plan à quelque distance qu'on la suppose prolongée.

87. — La rencontre de deux plans se fait suivant une ligne droite que l'on nomme *ligne d'intersection*.

88. — On appelle *plans parallèles* ceux qui ne peuvent jamais se rencontrer, à quelque distance qu'on les imagine prolongés. Les plans parallèles sont partout également éloignés entre eux.

89. — Le *plan vertical* est un plan qui comprend une ligne verticale (6).

90. — Le *plan horizontal* est un plan perpendiculaire au plan vertical.

L'intersection d'un plan avec le plan vertical ou le plan horizontal, se nomme *trace*.

91. — Ce qu'on appelle *plans* dans l'architecture, dans le dessin des machines, etc., sont des projections faites sur un plan horizontal et sur un plan vertical. De chaque point de l'objet que l'on a à représenter on suppose une perpendiculaire abaissée sur chacun des deux plans. On obtient ainsi les projections (83) de tous les points de l'objet, et par suite la projection même de l'objet. L'ensemble des projections faites sur le plan vertical prend le nom d'*élévation*, et l'on désigne plus particulièrement par le nom de *plan* les projections horizontales. Le dessin obtenu au moyen des projections se nomme *dessin géométral*.

§ II. — Solides.

92. — *Solide*, *volume* ou *corps*, est ce qui a trois dimensions : longueur, largeur, épaisseur.

93. — Les solides sont terminés ou par des surfaces planes ou par des surfaces courbes.

94. — Les solides terminés par des surfaces planes se distinguent par le nombre et la figure des plans qui les renferment.

95. — Le solide terminé sur les faces opposées par deux plans égaux et parallèles, et dont les autres faces sont des parallélogrammes, s'appelle en général un *prisme*. La *fig.* 85 est un prisme.

Les deux faces parallèles A, A' se nomment les bases du prisme, et la perpendiculaire *b c* menée d'un point d'une des bases sur le plan de l'autre base est la *hauteur*. Les lignes telles que C D, formées par la rencontre de deux parallélogrammes contigus, se nomment les arêtes du prisme.

96. — Lorsque, *fig.* 85, les arêtes sont perpendiculaires aux bases, le prisme est *droit*.

97. — Le prisme est *oblique*, *fig.* 86, lorsque les arêtes sont inclinées sur la base.

98. — Tout plan parallèle à la base coupe le prisme suivant une figure A'', *fig.* 85 et 86, parfaitement égale à la base.

99. — Les prismes se distinguent par la figure de leurs bases.

Si la base est un triangle, *fig.* 85, le prisme est *triangulaire*.

Si la base est un quadrilatère, *fig.* 86, le prisme est *quadrangulaire*.

100. — Parmi les prismes quadrangulaires on distingue le *parallélipipède*, *fig.* 86, dont toutes les bases et toutes les faces sont des parallélogrammes.

Le *parallélipipède rectangle*, *fig.* 87, est le prisme droit dont la base est un rectangle.

Le *cube*, *fig.* 88, est un parallélipipède rectangle dont toutes les faces sont des carrés. Un dé à jouer est un cube.

101. — La *pyramide*, *fig.* 89, est un solide compris sous plusieurs plans, dont l'un B C D, nommé base, est un polygone quelconque, et les autres, qui sont des triangles A B D, A D C, A C B, ont pour bases les côtés de ce polygone, et ont tous leurs sommets réunis en un point A qu'on appelle *sommet* de la pyramide.

La perpendiculaire A e abaissée du sommet de la pyramide sur le plan de la base, se nomme hauteur de la pyramide.

Les lignes A B, A D, A C formées par la rencontre des côtés de deux triangles contigus se nomment *arêtes*.

102. — Tout plan parallèle à la base coupe la pyramide suivant une figure M , *fig.* 90, semblable à la base (34).

103. — Le solide B C D F *bcdf* compris entre la base d'une pyramide et la section faite par un plan parallèle à cette base, est une *pyramide tronquée*.

104. — Les pyramides prennent différents noms suivant la figure de leurs bases. Celle dont la base est un triangle, *fig.* 89, se nomme *pyramide triangulaire*.

Celle, *fig.* 90, qui a pour base un quadrilatère, se nomme *pyramide quadrangulaire*, ainsi de suite.

105. — La pyramide est *régulière*, *fig.* 90, lorsque le polygone qui lui sert de base est régulier (60), et qu'en même temps la perpendiculaire A e passe par le centre du polygone (60) ; cette ligne s'appelle alors l'*axe de la pyramide*.

106. — Le *cylindre*, *fig.* 91, est un solide compris entre deux cercles égaux et parallèles et la surface que tracerait une ligne A B en glissant parallèlement à elle-même le long des deux circonférences. La ligne A B se nomme la *génératrice droite* du cylindre ; les deux circonférences, les *génératrices courbes*, la ligne qui joint les deux centres, l'*axe*, et la perpendiculaire abaissée d'un des cercles sur le plan de l'autre cercle, la *hauteur du cylindre*.

107. — Le cylindre, *fig.* 91, est *droit* lorsque l'axe est perpendiculaire aux cercles ; le cylindre est *oblique*, *fig.* 92, quand l'axe est incliné.

108. — Tout plan parallèle aux bases du cylindre coupe le cylindre suivant un cercle.

109. — Tout plan passant par l'axe ou parallèle à l'axe coupe le cylindre suivant un parallélogramme tel que *efgh*, *fig.* 91.

110. — Le *cône*, *fig.* 93, est le solide terminé par un plan circulaire qu'on appelle la base du cône, et par la surface que tracerait la ligne A B en s'appuyant sur le point A, et en parcourant la circonférence de la base.

La ligne A B est la *génératrice droite* du cône, la circonférence du cercle est la *génératrice courbe*, et le point A le sommet.

La ligne A C, qui joint le sommet et le centre du cercle, est l'axe du cône, et la perpendiculaire A e abaissée du sommet sur le plan de la base est la hauteur.

111. — Le *cône est droit*, *fig.* 94, ou *oblique*, *fig.* 93, suivant que l'axe se confond ou ne se confond pas avec la hauteur.

112. — Tout plan parallèle à la base coupe le cône suivant un cercle ; le diamètre de ce cercle est au diamètre de la base comme la distance entre les deux centres est à la longueur de l'axe, c'est-à-dire que si le centre du cercle de section est au tiers de la hauteur de l'axe, le diamètre sera le tiers de celui de la base.

113. — Le solide B E C F, *becf*, *fig.* 94, restant au-dessous de la section du cône par un plan parallèle à la base est un *cône tronqué*.

114. — La *sphère*, *fig.* 95, est un solide terminé de toutes parts par une surface dont tous les points sont également éloignés d'un même point C nommé *centre*.

La droite A C, qui joint un point de la surface sphérique et le centre, est un rayon.

La sphère peut être regardée comme le solide qu'engendrerait un demi-cercle A B D tournant autour du diamètre.

115. — Tout plan coupe la sphère suivant un cercle.

Si le plan passe par le centre, la section C, *fig.* 95, s'appelle grand cercle de la sphère. Si le plan ne passe pas par le centre, la section E est un *petit cercle*.

116. — On appelle plan tangent à une surface courbe, un plan qui ne touche la surface que suivant un point ou suivant une ligne.

117. — Le plan tangent à un cylindre rencontre sa surface suivant une ligne parallèle à la génératrice droite. Ce plan passe aussi par la tangente menée à la circonférence de la base, au point où la parallèle à la génératrice vient couper cette circonférence.

118. — Le plan tangent à un cône rencontre la surface suivant une ligne droite passant par le sommet et un point de la circonférence de la base; il passe aussi par la tangente en ce point.

119. — Le plan tangent à une sphère ne rencontre sa surface qu'en un point, et est perpendiculaire au rayon mené par ce point.

120. — On appelle solide de révolution, *fig.* 96, un solide formé par la figure A D C F, se mouvant autour d'un axe D E; et surface de révolution, la surface qui, dans ce mouvement, est engendrée par la courbe A B C, nommée génératrice. Chaque point de la courbe, tel que A, B, C, décrit une circonférence de cercle, dont le rayon est la perpendiculaire A D, B E, C F abaissée sur D F.

121. — Tout plan perpendiculaire à l'axe d'un solide de révolution, coupe ce solide suivant un cercle. Tout plan passant par l'axe coupe le solide suivant la courbe génératrice. Le piédouche, les vases, les balustres, sont des solides de révolution.

DEUXIÈME PARTIE.

PERSPECTIVE LINÉAIRE.

CHAPITRE PREMIER.

Règles fondamentales.

122. — Nous avons dit, dans les préliminaires, que la perspective d'un point était la rencontre par la vitre ou le tableau du rayon de lumière dirigé de ce point à l'œil du spectateur. Supposons donc, *fig.* 97, pl. 3, que l'œil du spectateur soit placé en P, que A B C D soit une vitre ou un tableau qui, pour nous, sera toujours un plan vertical, et que M, N soient des points lumineux, dont l'un M est situé dans le plan horizontal. Unissant par une ligne droite chacun des points M et N avec P, les points m, n où ces droites rencontrent le tableau, sont les perspectives des points M, N, et la perpendiculaire mb, abaissée du point m sur la *base* B D du tableau, est la profondeur du point m dans le tableau. Nous appellerons indistinctement la ligne B D base du tableau ou *ligne de terre*.

123. — Une droite étant déterminée quand on connaît deux de ses points, il en résulte que la perspective d'une droite A B, *fig.* 98, est la droite ab passant par les deux points a et b perspectives des points A et B. On voit aussi que la perspective ab est comprise dans l'intersection xy du tableau et d'un plan passant par la droite A B et par la droite C D, menée parallèlement par le point P à la droite A B; nous nommerons ce plan *plan visuel*. On peut considérer, pour plus de facilité, le plan visuel A B C D comme formé par une ligne droite mobile A C, s'appuyant sur la droite originale A B (1), et sur une parallèle C D à cette droite, menée par l'œil du spectateur.

Voyons maintenant ce qui arrivera si on a une autre droite E F à mettre en per-

(1) On appelle point, droite, figure ou solide *original*, le point, la droite, la figure ou le solide à mettre en perspective.

spective. On unira, comme précédemment, le point E et le point F au point P par les droites E P, F P, dont l'intersection avec le tableau donnera les points e, f, et la droite ef perspective de E F. Le plan visuel sera également formé par une droite s'appuyant sur E F et sur une parallèle à E F menée par le point P. Or, E F étant parallèle à A B, la droite menée parallèlement à E F par le point P, sera parallèle à C D, et par conséquent se confondra avec elle. On conclura que le plan visuel de la droite E F passera aussi par la droite C D; or, il en sera de même pour toute autre droite parallèle à A B; donc :

Les plans visuels des droites parallèles passent tous par une même droite parallèle menée par l'œil du spectateur.

124. — Soit maintenant, *fig.* 99, P l'œil du spectateur, et A B une droite indéfinie placée derrière le tableau C F D, et dont une des extrémités A touche la base C D du tableau. Pour avoir le plan visuel dont l'intersection avec le tableau détermine la perspective de A B, nous mènerons, par le point P, une parallèle P x à A B (123), laquelle vient couper le tableau au point p. Il est évident que le point p, ainsi que le point A, appartiennent en même temps au plan visuel P B et au tableau, puisque ces points sont les intersections par le tableau de droites comprises dans le plan visuel. Ainsi, la droite A p, intersection du tableau par le plan visuel, est la perspective indéfinie de la droite A B. Mais toute autre droite parallèle G H aura (123) son plan visuel P G passant également par la droite P x; ainsi, l'intersection du plan visuel P G par le tableau, où la perspective de G H passera aussi par le point p; donc :

Les perspectives de droites parallèles passent toutes par un même point du tableau; ce point est déterminé par la rencontre du tableau et d'une droite parallèle aux droites originales, menée par l'œil du spectateur; il se nomme *point de concours* ou *point de fuite des lignes parallèles*.

125. — C'est sur cette propriété qu'ont toutes les lignes parallèles en perspective de concourir à un même point du tableau, qu'est fondée la pratique de la perspective linéaire.

Examinons maintenant les différentes applications de cette propriété à plusieurs lignes données de position.

Supposons d'abord que la ligne originale soit horizontale. Cette ligne horizontale peut être placée de trois manières différentes par rapport au tableau : 1° elle peut lui être parallèle; 2° elle peut lui être perpendiculaire; 3° elle peut lui être oblique.

126. — Dans le cas où la droite horizontale A B, *fig.* 100, est parallèle au tableau C D E F, la parallèle P x, menée par l'œil du spectateur, est nécessairement parallèle au tableau et ne peut le rencontrer (86); il n'y a donc pas de point de concours pour les perspectives des droites horizontales parallèles au tableau, et comme la base du tableau est toujours dans un plan horizontal, la perspective ab de A B est une parallèle à la base du tableau; donc :

Les droites horizontales parallèles au tableau ont pour perspectives des parallèles à la base du tableau.

127. — Si, *fig.* 101, les droites horizontales A B, C D sont perpendiculaires au tableau, les plans visuels menés par ces droites passent par une perpendiculaire unique P P' (123) menée de l'œil du spectateur sur le tableau, et leurs perspectives vont concourir au point de rencontre de cette perpendiculaire avec le tableau (124); donc :

Les droites horizontales perpendiculaires au tableau ont pour point de concours le pied de la perpendiculaire abaissée de l'œil du spectateur, ou autrement sa projection sur le tableau (83).

Ce point de concours particulier, mais d'un usage continuel dans la pratique, se distingue par le nom de *point de vue* ou *point principal;* la verticale xy menée par ce point dans le tableau, se nomme *ligne centrale;* la perpendiculaire P P', *distance principale* ou *rayon central;* et le plan vertical P P'y, mené par le rayon central, *plan central.*

La situation du point de vue dans le tableau, et la grandeur de la distance principale, sont de la plus haute importance dans les tracés de la perspective; mais il est impossible de donner des principes absolus qui puissent servir à les déterminer dans tous les cas. Il suffit de faire remarquer que lorsqu'on veut montrer des objets dans leur partie supérieure, il faut élever le point de vue, et le baisser dans le cas contraire. En général, un point de vue élevé, dans un paysage, donne l'idée d'une contrée de montagnes; et un point de vue bas, rappelle un pays de plaines. Quant à la distance principale, on a observé que l'œil n'apercevait plus que confusément les objets placés en dehors d'un angle visuel de 45°; on doit donc, à moins d'être contraint par un emplacement borné, faire en sorte que les rayons visuels menés de l'œil aux côtés du tableau ne fassent pas un angle de plus

de 25°. On obtient à peu près ce résultat en prenant pour distance principale le double de la largeur du tableau.

C'est au point de vue que l'on doit placer son œil pour bien juger de l'effet perspectif d'un tableau. Nous ferons remarquer à ce propos pourquoi, en général, les tableaux peints sur les plafonds produisent si peu d'effet à nos yeux : c'est que, par suite d'une route vicieuse que la facilité de l'exécution ou l'irréflexion ont frayée aux artistes, on se contente de renverser horizontalement des tableaux conçus et exécutés comme s'ils devaient être vus verticalement. On comprend facilement que, dans ce cas, le spectateur ne peut saisir l'effet perspectif que dans une seule position, c'est-à-dire en se renversant sur le dos.

128. — Les lignes horizontales A B, C D, *fig.* 102, peuvent être obliques au tableau; dans ce cas, les plans visuels passent par des lignes horizontales obliques Pp', Pp'', menées par l'œil du spectateur parallèlement aux droites originales, et les perspectives concourent toutes aux points de rencontre p' p'' de ces lignes et du tableau. Or ces lignes, étant horizontales et passant par l'œil du spectateur, auront leur point de rencontre à la même hauteur, dans le tableau, que le point de vue p; donc :

Les points de concours de toutes les lignes horizontales obliques au tableau sont situés à la même hauteur que le point de vue, c'est-à-dire qu'ils se trouvent tous sur une parallèle à la base du tableau, menée par le point de vue.

Cette parallèle xy à la base du tableau, menée par le point de vue, et sur laquelle se trouvent les points de concours de toutes les lignes horizontales, est ce qu'on appelle la *ligne d'horizon*, et la partie comprise entre cette ligne et la base, est le *plan objectif*. Le plan objectif contient les perspectives de tous les points situés dans le plan horizontal passant par la base du tableau, et prolongé à l'infini. En effet, le rayon visuel passant par sa ligne d'horizon, serait horizontal, et par conséquent parallèle au *plan objectif;* d'où l'on doit conclure qu'il n'y a qu'un point situé à l'infini qui puisse avoir sa perspective sur la ligne d'horizon. Cependant la surface de la pleine mer étant sensiblement horizontale, et la vue pouvant s'y étendre indéfiniment, à cause de la forme sphérique de la terre, la ligne qui sépare le ciel de la mer, et que l'on nomme *horizon visuel*, se place à la hauteur de l'œil du spectateur. L'*horizon fictif* est celui que l'on détermine lorsque le champ de la vue est borné par des édifices ou des montagnes.

129. — Parmi le nombre infini de points de fuite qui peuvent se trouver sur l'horizon, il en est un d'un grand usage dans la pratique de la perspective, à cause de sa commodité : c'est celui que l'on distingue par le nom de *point de distance.* Le point de distance p'', *fig.* 102, est le point de fuite des lignes horizontales qui font, avec le tableau, un angle de 45° ou demi-angle droit; on l'appelle point de distance, parce que son éloignement pp'' du point de vue est égal à la longueur Pp de la distance principale.

130. — Maintenant que nous avons examiné les différentes positions d'une ligne horizontale, et que nous en avons déduit celles de sa perspective, cherchons comment doit être placée, dans le tableau, la perspective d'un ligne verticale A B, *fig.* 103. Il est évident que, le tableau étant vertical, la parallèle *xy* à la ligne originale, menée par l'œil du spectateur, ne pourra rencontrer le tableau ; de plus, le plan visuel sera un plan vertical, et son intersection par le tableau sera une ligne verticale *ab*, ou autrement une ligne perpendiculaire à la base du tableau ; donc :

Les perspectives des lignes verticales sont des perpendiculaires à la base du tableau.

151. — Si l'on divise la ligne originale A B en trois parties égales, A C, C D, D B, et que l'on tire C P et D P, on obtiendra sur *ab* en *c* et *d* les perspectives des points C et D ; et, suivant ce que nous avons dit plus haut (40), *ab* sera aussi divisée en parties égales. Cette égalité subsistera, quelle que soit la hauteur de la ligne originale donnée : on voit donc que la grandeur perspective d'une partie de ligne verticale est toujours la même, à quelque hauteur qu'on la prenne. C'est ainsi qu'une figure quelconque placée au sommet d'une tour, doit avoir en perspective la même hauteur que si elle se trouvait au bas de la tour : s'il nous semble souvent voir le contraire dans la nature, c'est que nous ne pouvons comprendre dans le même angle visuel le bas et le sommet de l'édifice que nous considérons ; aussi ne peut-on bien juger l'effet et les proportions d'un monument considérable, que lorsque l'on peut, d'un seul coup d'œil, en embrasser toutes les parties.

152. — Nous n'avons plus à présent à considérer que la ligne oblique. La ligne oblique peut être comprise dans un plan parallèle au tableau, ou dans un plan vertical oblique au tableau : dans le premier cas, *fig.* 104, il est évident que la parallèle P H, menée par l'œil du spectateur dans un plan parallèle au plan de la droite originale, ne peut rencontrer le tableau, car deux plans parallèles ne peuvent se rencontrer (88) ; donc :

Les lignes obliques situées dans un plan parallèle au tableau n'ont pas de point de concours. Ces perspectives sont des lignes parallèles et faisant, avec une parallèle à la base du tableau, des angles égaux à ceux que font, avec leurs projections, les lignes originales.

Les lignes et les figures comprises dans un plan parallèle au tableau, prennent en perspective le nom de *vues de front*. Les apparences des lignes comprises dans des vues de front ont entre elles les mêmes proportions que les lignes originales elles-mêmes, et celles des polygones sont des polygones semblables. Pour se rendre compte de cette proposition, menez des points A et B de la droite originale des lignes à l'œil du spectateur ; vous obtenez un triangle A B P et la perspective *ab* parallèle à la base du triangle. Prenant sur A B un point C, et menant C P, le point *c* divisera *ab* absolument de la même manière que A B, c'est-à-dire que *ac* aura avec *cb* le même rapport que A C avec C B (40). Considérez maintenant un quadrilatère A D E F parallèle au tableau, en menant de chaque angle du polygone

une ligne à l'œil du spectateur, on obtient une pyramide dont la base est le quadrilatère original, et le sommet l'œil du spectateur. Or, le tableau étant un plan parallèle à la pyramide, coupe ce solide suivant un quadrilatère *adef* semblable à cette base (102).

153. — Si la ligne oblique A B, *fig.* 105, est comprise dans un plan M perpendiculaire ou oblique au tableau, la droite P*x*, menée parallèlement à la droite originale par l'œil du spectateur, rencontre le tableau, soit au-dessus, soit au-dessous de l'horizon. Ce point de rencontre *p'* est le point de concours de toutes les lignes parallèles à A B (124) ; il se trouve sur la verticale élevée par le point *p* où la droite P*y*, menée par l'œil du spectateur parallèlement à la projection horizontale A*z* de la droite A B, rencontre la ligne d'horizon ; donc :

Les lignes obliques parallèles situées dans un plan perpendiculaire ou oblique au tableau, ont leur point de concours, soit au-dessus, soit au-dessous de l'horizon, sur la verticale élevée par le point d'intersection avec le tableau d'une ligne horizontale, menée par l'œil du spectateur parallèlement à la projection horizontale de la droite originale.

Les points de concours de droites inclinées situés au-dessus de la ligne d'horizon se nomment *points aériens*, et ceux situés au-dessous *points évanouissants*.

La ligne horizontale *h' h'* menée par un point aérien ou évanouissant et sur laquelle se trouvent, comme pour les lignes horizontales, les points de concours de toutes les lignes situées dans le même plan, se nomme *horizon rationnel*.

154. — Les figures planes et les solides n'étant que des composés de lignes, les règles que nous venons de présenter servent à résoudre tous les cas qui peuvent se rencontrer pour établir la perspective d'un original donné. Nous allons voir maintenant comment, au moyen de quelques procédés très-simples, on peut faire l'application de ces principes aux opérations graphiques de la perspective.

CHAPITRE II.

Perspective du point et des lignes droites verticales et horizontales.

§ I. — Perspective du point.

TABLEAU Iᵉʳ. (PL. 4.)

155. — *Étant donnée la distance du spectateur au tableau, et la projection* P *de son œil ou point de vue sur ce tableau, placer les points de distance.* Par le point P tirez la ligne *vx* parallèle à la base du tableau ou horizon (128), et la perpendiculaire *yz* ou ligne centrale (127). Supposez un plan horizontal passant par l'œil du spectateur et la ligne d'horizon, et tournant autour de cette ligne d'une charnière pour venir se rabattre au-dessus de vx, sur le plan du tableau. Dans ce mouvement le site de l'œil du spectateur viendra se placer sur la ligne centrale au point P'; tirant par le point P' des droites formant avec la ligne centrale à droite et à gauche des angles de 45°, leurs points de rencontre D avec l'horizon seront les points de fuite des lignes parallèles à 45°, que nous avons appelés précédemment points de distance (129). PD étant égal à PP', on se borne dans la pratique à prendre la distance du spectateur au tableau que l'on reporte de chaque côté du point de vue.

156. — *Tracer les perspectives de lignes perpendiculaires au tableau, ou formant avec lui un angle de 45°.* Les droites Aa, Bb dirigées au point de vue P sont les perspectives des lignes perpendiculaires au tableau, et les droites Cc, Dd dirigées aux points de distance, les perspectives de celles qui le rencontrent sous un angle de 45°.

TABLEAU II. (Pl. 4.)

157. — *Étant donné le point de vue et les points de distance, trouver la perspective des points placés dans le plan objectif, et dont on connaît la distance au plan central et au tableau.* Pour aider à l'intelligence de cette opération on l'a représentée en géométral sur le plan horizontal, *fig.* 1. M est le plan horizontal, lm est la base du tableau, Zz' est la trace du plan central, A et B sont les deux points originaux.

Un point étant l'intersection de deux droites (3), on regarde chacun des points A et B comme l'intersection de deux droites horizontales, l'une A A', BB', perpendiculaire au tableau et parallèle au rayon central, l'autre Am, Bn, formant avec le tableau un angle de 45°.

Ayant tiré dans le tableau, *fig.* 2, la ligne d'horizon vz, dont la rencontre avec la ligne centrale, prolongement de la trace du plan central, détermine le point de vue P, et ayant placé les points de distance D, des points A', B', m et n où les perpendiculaires et les lignes à 45° menées par les points A et B rencontrent la base du tableau, menez dans celui-ci les droites $A'P$—mD, $B'P$—nD. L'intersection de ces droites deux à deux donnera en a et en b les perspectives des points A et B. On voit, en effet, que l'opération faite sur le tableau est la reproduction exacte de celle faite dans le plan horizontal, et que les triangles $A'am$—$A'Am$, $B'bn$—$BB'n$ étant égaux (45, 2ᵉ C.), le point a et le point b ont la même situation dans le plan horizontal perspectif que les points A et B dans le plan horizontal géométral. On doit remarquer que $A'z'$, $B'z'$ sont les distances des points A et B au plan central, puisque $A'z'$ et $B'z'$ sont égales à Az et Bz (20), et que $A'm$ et $B'n$ sont égales aux distances respectives A A', BB' des mêmes points au tableau.

158. — D'après ce que nous avons dit sur la grandeur à donner à la distance principale (127), il arrive presque continuellement que les points de distance se trouvent en dehors du tableau. Voici comment, dans ce cas, il convient d'opérer.

Le tableau étant compris entre les lignes de cadre EF, GH, prenez une fraction de la distance PD, la moitié, par exemple, et marquez-la aux points $\frac{D}{2}$. Prenez également la moitié $\frac{A'm}{2}\frac{B'n}{2}$ de A'm et B'n, et par les points $\frac{m}{2}$, $\frac{n}{2}$, tirez des droites aux points $\frac{D}{2}$. Leur intersection a et b avec les droites A'P, B'P sera la perspective des points A et B, ainsi qu'on peut s'en rendre compte sur le plan géométral. On conçoit facilement en effet que $\frac{m}{2}$A divisant en deux parties égales Am, la droite menée parallèlement par l'œil du spectateur, devra aussi diviser en deux parties égales la distance PD.

TABLEAU III. (Pl. 4.)

139. — Dans les tracés de la perspective, on ne peut se servir d'un plan de projection horizontale, puisque l'on est limité par la base du tableau; mais si l'on a bien compris ce qui précède, rien n'est plus facile que d'y suppléer.

Supposons donc qu'il s'agisse de mettre en perspective un point A dont la distance au plan central soit égale à Az, *fig.* 1, et la distance au tableau égale à Am; lm, *fig.* 2, est la base du tableau, P le point principal, zy la ligne centrale, et D le point de distance. Portez sur la base du tableau de z en a' la grandeur de Az, et par le point a' menez a'P perpendiculaire au tableau. Portez ensuite Am de a' en m', et menez par ce point une ligne m'D à 45°. Vous obtiendrez par leur intersection le point a, perspective du point A (137).

TABLEAU IV. (Pl. 4.)

140. — *Mettre en perspective un point placé au-dessus du plan objectif.* Commencez par trouver la perspective a' du point donné comme s'il se trouvait dans le plan objectif (139) au point A', où la perpendiculaire menée au tableau par le point a', coupe la base lm, élevez une verticale sur laquelle vous porterez en A la hauteur donnée du point au-dessus du plan objectif. Tirez A P, et par a', élevez une verticale indéfinie $a'x$. Le point de rencontre a de ces deux lignes sera la perspective du point A. En effet, A P et A'P étant parallèles, $a'a$ est égale à A'A. On doit remarquer que a' est la projection du point a.

§ II. — Perspective des lignes verticales (130).

TABLEAU V. (Pl. 4.)

141. — *Diviser une ligne verticale perspective en parties égales.* Soit donnée la verticale perspective $a'a$ qu'il s'agit de diviser en cinq parties égales.

Par le point a' menez une ligne quelconque xy; prenez sur cette ligne un point c par lequel vous élèverez la verticale cd; portez cinq fois sur cette verticale une grandeur arbitraire $c1$, tirez la droite $5a$ qui coupe xy au point e, et menez $4e$, $3e$, etc., qui diviseront ab en cinq parties égales (40).

TABLEAU VI. (Pl. 4.)

142. — *Trouver la grandeur perspective d'une ligne verticale placée à différents points du plan objectif.* Supposons qu'il s'agisse de déterminer les perspectives de plusieurs arbres d'une égale hauteur, placés aux points a', b' et c'.

1re **Construction.** — Par le point c' et un point quelconque P pris sur la ligne d'horizon, menez une droite indéfinie Pc' qui vient couper la base du tableau au point C'; élevez par ce point une verticale, portez sur cette verticale la hauteur donnée des arbres $C'C$, et tirez la parallèle CP à $C'P$; élevez également par c' une verticale; sa rencontre en c avec PC déterminera la hauteur $c'c$ de l'arbre placé en c'. Opérez de même aux points a' et b'.

2e **Construction.** — Construisez sur le côté du tableau le triangle EFG dont le sommet F d'un des angles se trouve sur la ligne d'horizon, et dont le côté EG est égal à la hauteur donnée $C'C$. Par les points a', b', c' menez les lignes $a'a'^2$, $b'b'^2$, $c'c'^2$ parallèles à la base du tableau, et par les points d'intersection a'^2, b'^2, c'^2 de ces parallèles et de EF, tracez les verticales a'^2a^2, b'^2b^2, c'^2c^2 qui seront les hauteurs perspectives des arbres aux différents points donnés sur le plan objectif. Il suffira pour en avoir les perspectives dans le tableau de rapporter ces différentes hauteurs sur les verticales élevées par les points a', b' et c'.

Le triangle EFG, qui, comme on va le voir, peut servir d'échelle de proportion pour les lignes verticales, offre de grands avantages, en ce qu'il peut être construit séparément, et qu'ainsi on évite de surcharger un dessin de lignes d'opération.

143. — *Trouver les perspectives de lignes verticales de différentes hauteurs au moyen de l'échelle de proportion verticale.* Supposons que la ligne EG, prise sur le côté du tableau, représente une hauteur connue, celle de cinq mètres, par exemple, et qu'il soit proposé de placer en a'' un arbre de trois mètres. Ayant construit le triangle EFG, divisez EG en cinq parties égales, dont chacune vaudra un mètre, et par chacun des points de division, tirez des droites au point E; menez $a''a'^2$ parallèle à la base du tableau, et par le point de rencontre a'^2 avec EF, élevez une verticale. Le point a''^2 où la verticale coupera la ligne $3F$, sera le sommet de l'arbre; car la verticale $a'^2a''^2$ comprend trois mètres dans sa hauteur. On trouvera de la même manière l'élévation de l'arbre placé en c'', et qui a quatre mètres de haut. Il est inutile d'ajouter que chacun des mètres tracés sur EG peut se diviser en décimètres, en centimètres, etc., et que les lignes tirées de ces points de division au point F diviseront également les mètres tracés sur les verticales élevees sur EF en décimètres, centimètres, etc.

§ III. — Perspective des lignes horizontales parallèles au tableau (126).

TABLEAU VII. (Pl. 4.)

144. — *Tracer la perspective d'une droite horizontale parallèle au tableau, et dont la grandeur est donnée sur la base.* Supposons d'abord, *fig.* 1, que la droite à mettre en perspective soit comprise dans le plan objectif : AB est sa grandeur, Bm sa distance au tableau, P le point de vue, et $P\frac{D}{2}$ la demi-distance. Par les points A et B, menez les perpendiculaires AP, BP; prenez la moitié de Bm en $\frac{m}{2}$, et tirez $\frac{m\,D}{2}$. Le point b d'intersection est la perspective du point B (139). Or, toute droite horizontale parallèle au tableau a pour perspective une parallèle à sa base (126) : tirant par le point b la parallèle bx, la partie ab de cette parallèle, comprise entre AP et BP, sera la perspective cherchée. En effet, ab étant parallèle à AB, et comprise entre des parallèles, lui est nécessairement égale.

145. — La droite étant placée au-dessus du plan objectif, *fig.* 2, tracez la projection $a'b'$ de la droite, comme si c'était la droite elle-même (144), et construisez, au moyen de la hauteur $B'B$ donnée sur le tableau, la perspective b du point B, comme il a été indiqué Tableau IV. Tirez alors l'horizontale indéfinie bx et la verticale $a'z$; la partie ab de l'horizontale ax sera la perspective cherchée.

TABLEAU VIII. (Pl. 4.)

146. — *Diviser la perspective d'une ligne horizontale parallèle au tableau en parties égales.* Il suffit de diviser la perspective de cette ligne comme on diviserait la droite elle-même, soit au compas, soit par le procédé indiqué dans les principes de géométrie (40 et 41).

147. — S'il s'agissait de diviser en parties égales, en trois, par exemple, des lignes perspectives $a3$, $a'3'$, $a''3''$, placées entre des parallèles AP et $3P$, ayant divisé $A3$ en trois parties égales, on tirerait par les points 1 et 2 les parallèles $1P$, $2P$, qui diviseraient en trois parties égales chacune des lignes données.

148. — *Construire une échelle de proportion horizontale.* Supposons que sur une même droite horizontale parallèle au tableau, nous ayons à déterminer la perspective de différentes parties de grandeur inégale, nous pourrions employer pour chacune de ces parties la construction indiquée dans le Tableau VII; mais la division des lignes horizontales nous fournit un mode d'opérer de beaucoup préférable. On voit, en effet, qu'en admettant que chacune des divisions prise sur la base du tableau représente un mètre, par exemple, chacune des divisions marquées sur les lignes $a3$, $a'3'$, $a''3''$ représente aussi un mètre; si donc nous voulions construire sur le prolongement de $a''3''$, *fig.* 1, la perspective bc d'une droite de cinq mètres, il nous suffirait de prendre sur $a''3''$ une des divisisions $a''1''$ et de la reporter cinq fois sur bc; $a''3''$ est donc une véritable échelle de proportion pour toutes les droites situées sur le prolongement de $a''3''$; et comme toutes les droites comprises dans un plan parallèle au tableau ont pour perspective des droites de proportions semblables (132), il en résulte que $a''3''$ est une échelle pour toutes les lignes horizontales, verticales et obliques comprises dans le plan vertical passant par cette ligne.

149. — *Construire, au moyen de l'échelle de proportion horizontale, la grandeur* *perspective d'une droite horizontale parallèle au tableau.* Portez dans l'angle du tableau en cd, *fig.* 2, la grandeur du mètre prise sur la base, et menez au point V placé à l'intersection de l'horizon par le côté du tableau, la droite dV; les droites cV et dV étant parallèles, toutes les droites horizontales parallèles comprises entre elles seront égales.

Soit maintenant e un point pris sur le plan objectif par lequel il s'agisse de mener au tableau une parallèle de quatre mètres de longueur : par le point e tirez la parallèle indéfinie xe; la partie fg de cette droite comprise entre les parallèles cV, dV sera la dimension du mètre pour toutes les droites comprises dans le plan vertical passant par ex. Il suffira donc de porter quatre fois la grandeur fg de e en h, pour avoir la perspective cherchée ch.

§ IV. — Perspective des lignes horizontales perpendiculaires au tableau (127).

TABLEAU IX. (Pl. 4.)

150. — *Trouver la perspective d'une droite horizontale perpendiculaire au tableau dont on donne la grandeur, ainsi que la distance d'une de ses extrémités au tableau.* P est le point de vue, P, $\frac{D}{2}$ est la demi-distance, A B est la droite donnée, Am la distance du point A au tableau, mz sa distance au plan central; tirez mP et déterminez sur cette ligne, avec les moitiés de A B et de Am, les perspectives a et b des points A et B (139); ab sera la perspective cherchée.

151. — Nota. 1°. Toutes les droites ab, $a'b'$, $a''b''$, $a'''b'''$ comprises entre les parallèles au tableau, menées par les points a et b, sont les perspectives de la droite A B placée à différentes distances du plan central. On voit que les perspectives d'une droite perpendiculaire au tableau sont d'autant plus obliques à la ligne centrale et d'autant plus longues, qu'elles sont plus éloignées du plan central. Quand la ligne A B est placée dans le plan central, sa perspective est une ligne située sur la ligne centrale elle-même, c'est-à-dire perpendiculaire à la base du tableau.

152. — 2°. Toutes les droites perpendiculaires $a''b''$, $a''_2b''_2$, $a''_3b''_3$ situées entre les verticales élevées par les points $a''b''$, sont les perspectives d'une même droite A B placée à différentes hauteurs au-dessus du plan horizontal; elles ont d'autant plus d'inclinaison sur la ligne d'horizon, et d'autant moins de longueur, qu'elles se rapprochent plus de la hauteur de cette ligne. La droite A B, placée à la même hauteur que l'horizon, a pour perspective une droite $a''_2b''_2$ placée sur la ligne d'horizon elle-même.

153. — 3°. Des deux effets perspectifs précédents, il résulte que la droite perpendiculaire au tableau, placée dans le plan central et à la hauteur de la ligne d'horizon, a pour perspective le point de vue lui-même P.

TABLEAU X. (Pl. 4.)

154. — *Étant donnée la perspective ab d'une droite A B perpendiculaire au tableau, en trouver le milieu.* — 1re Construction. Par le point a, *fig.* 1, tirez l'horizontale ax parallèle à la base du tableau; prenez sur cette parallèle un point c, reportez ac au point d, et joignez db; menez par le point c, milieu de ad, une parallèle cP à ab, qui rencontre db en c'', et par ce dernier point, milieu de db, une autre parallèle à ad. Son point d'intersection c' avec ab sera le milieu cherché.

155. — 2° Construction. — Par le point a, élevez une verticale indéfinie; prenez sur cette verticale un point quelconque c, et reportez ac de c en d; tirez db et cP. Le point d'intersection c'' est le milieu de db; par ce point, menez une verticale qui rencontre ab au point c'; le point c' est le milieu de ab.

La figure 2 est le tracé géométral de cette opération.

TABLEAU XI. (Pl. 4.)

156. — *Diviser une droite perpendiculaire au tableau en un certain nombre de parties égales.* Soit donnée à diviser en cinq parties égales, la droite perspective ab perpendiculaire au tableau, *fig.* 1. Par le point a, tirez une horizontale parallèle au tableau, sur laquelle vous porterez cinq fois une grandeur arbitraire. Par le dernier point de division 5 et l'extrémité b de la ligne donnée, tirez $5b$, dont le prolongement vient couper l'horizon au point F; menez alors par chacun des points de division 1, 2, 3, 4, les parallèles 1F, 2F etc., à 5F. Ces parallèles, par leur intersection avec ab, la diviseront en cinq parties égales (44).

157. — *Diviser une droite perpendiculaire au tableau, en parties qui aient entre elles un rapport donné.* Soit cd, *fig.* 2, qu'il s'agit de diviser en parties qui aient entre elles les mêmes rapports que les divisions $c'g$, gf, fc de la verticale cc'; joignez $c'd$, et par les points f et g, menez à cd les parallèles fP, gP, qui couperont $c'd$ aux points g'', f''. Les verticales abaissées de ces points sur cd la partageront en parties cg', $g'f'$, $f'd$, qui auront entre elles les mêmes rapports que les parties $c'g$, gf et fc.

TABLEAU XII. (Pl. 5.)

158. — *Dessiner la perspective d'une grille en fer à barreaux verticaux.* P est le point de vue, ab est la longueur perspective de la grille, et ac la hauteur du barreau placé en a.

Divisez ab en douze parties égales (156); tirez cP parallèle à ab, et par chacun des points de division de cette dernière droite, élevez une verticale; vous obtiendrez ainsi les barreaux, et vous terminerez la figure en traçant les traverses dd', ee', ff', gg' parallèles à ab.

TABLEAU XIII. (Pl. 5.)

159. — *Élever sur une perpendiculaire au tableau des lignes verticales égales, distantes entre elles d'une longueur donnée. — Tracé géométral de l'opération.* *fig.* 1. Ax est la ligne ou axe sur laquelle doivent être placées les verticales, et

Aa est la distance qui les sépare. A étant le site de la première verticale, tracez ay parallèle à Ax, et portez sur cette dernière droite la distance Aa au point B, site de la deuxième verticale; joignez aB, menez par le point B une parallèle à Aa, et par son point b d'intersection avec ay, tirez une parallèle à aB. Le point C, où cette parallèle rencontre la droite Ax, est le site de la troisième verticale. En effet, BC est égale à ab (20); or ab est égale à AB (20), donc BC est aussi égale à AB. On peut arriver au même résultat en prenant la moitié ou toute autre fraction $\frac{a}{2}$ de Aa et en menant des parallèles $\frac{a}{2}$B, $\frac{b}{2}$C, comme nous venons de l'indiquer.

Tracé perspectif, fig. 2. — Supposons qu'il s'agisse de représenter une allée d'arbres. A est le site du premier arbre, AP est la ligne perpendiculaire au tableau sur laquelle doit être placée la rangée d'arbres de gauche, P$\frac{D}{2}$ est la demi-distance et Aa est la distance entre chaque arbre, mesurée sur la base du tableau. Ayant pris le milieu $\frac{a}{2}$ de Aa, et tiré $\frac{a}{2}$P parallèle à AP, menez $\frac{aD}{2}$; son point de rencontre B avec AP est le site du deuxième arbre. Par le point B, menez une parallèle à Aa, et de son point d'intersection $\frac{b}{2}$ avec $\frac{a}{2}$P, menez $\frac{bD}{2}$ parallèle à $\frac{aD}{2}$, vous obtiendrez en C le site du troisième arbre. Opérez de même pour trouver tous les autres sites. La hauteur perspective des arbres s'obtiendra en menant par le point A′, sommet de l'arbre placé en A, une parallèle A′P à AP; cette ligne déterminera sur les verticales élevées en B, C.... les sommets B′, C′.... des différents arbres.

Pour avoir la perspective de la seconde rangée d'arbres dont l'axe est la droite a'P, parallèle à AP, menez par tous les points A, B, C.... des parallèles à la ligne de terre qui, par leur intersection avec a'P, déterminent les points b', c'.... sites des différents arbres. Quant à leur élévation, on l'obtient comme dans la première rangée.

§ IV. — Perspective des lignes obliques horizontales concourant à des points accidentels.

TABLEAU XIV. (PL. 5.)

160. — *Trouver le point de fuite d'une ou de plusieurs droites obliques formant, avec la base du tableau ou avec toute autre parallèle à cette base, un angle donné.* opq est l'angle donné, P est le point de vue, et D, D, sont les points de distance. Portez sur la ligne centrale de P en P′ la distance PD; menez P′x parallèle à la ligne d'horizon, et construisez l'angle o'P′q' égal à l'angle opq (23). Le point F où le côté P′q' prolongé rencontre la ligne d'horizon, est le point de fuite cherché (128), et les lignes ab, cd, ef sont les perspectives de droites formant, avec ux, cx, ex parallèles à la base du tableau, des angles perspectifs égaux à l'angle donné opq.

TABLEAU XV. (PL. 5.)

161. — *Construire la perspective d'une droite oblique au tableau, le point de distance se trouvant en dehors du tableau.* P est le point de vue, P$\frac{D}{2}$ la demi-distance, a une des extrémités de la droite.

Portez la demi-distance sur la ligne centrale en $\frac{P'}{2}$, et construisez le point de fuite $\frac{F}{2}$ comme si vous opériez avec la distance entière (160). Cela fait, tirez aP, que vous partagerez dans le même rapport que la distance principale; ici ce sera en deux parties, et par le point de division $\frac{a}{2}$, le plus rapproché du point de vue, menez $\frac{aF}{2}$; la parallèle ab à cette droite, menée par le point a, sera la perspective cherchée.

162. — *Étant donnée la perspective d'une droite concourant à un point accidentel hors du tableau, construire les perspectives d'autres droites parallèles.* P est le point de vue, $\frac{D}{2}$ est la demi-distance, ab est la droite donnée sur le tableau, c et e sont les points par lesquels doivent être menées les parallèles à ab. Tirez aP, prenez une fraction de cette droite, ici c'est la moitié, et par le point $\frac{a}{2}$ de partage, menez $\frac{aF}{2}$ parallèle à ab; $\frac{F}{2}$, *fig.* 2, étant le milieu de la distance PF du point de fuite accidentel F au point de vue, est aussi le point de fuite d'une droite $\frac{F}{2}$P′, menée par l'œil du spectateur, et qui divise toute parallèle à l'horizon, telle que GH, menée dans l'angle visuel PP′F, dans le même rapport que $\frac{PF}{2}$ divise PF, c'est-à-dire en deux parties égales. Menant maintenant les droites cP, eP, *fig.* 1, et par les points g, h pris arbitrairement sur chacune de ces droites, les parallèles au tableau gx et hy, tirez $c\frac{F}{2}$, $e\frac{F}{2}$, qui doivent partager en deux parties égales les portions des droites gx, hy comprises entre cP, eP et les parallèles à ab. Prenant donc les grandeurs $g\frac{g}{2}$, $h\frac{h}{2}$ comprises entre les droites cP $c\frac{F}{2}$, eP $e\frac{F}{2}$ et les reportant en g' et en h', les droites cd, cf passant par les points g', h', seront les parallèles à ab. Si l'on eût pris le tiers ou le quart de aP, on eût obtenu d'abord $\frac{g}{3}$ ou $\frac{g}{4}$, $\frac{h}{3}$ ou $\frac{h}{4}$, que l'on eût reporté deux ou trois fois du côté de $c\frac{F}{2}$ et $e\frac{F}{2}$.

TABLEAU XVI. (PL. 5.)

163. — *Étant donnée sur le tableau une droite ab ayant son point de fuite au dehors du tableau, construire au point a un angle droit.* P est le point de vue, et

$P\frac{F'}{2}$ est une fraction de la distance principale, la moitié, par exemple, reportée sur la ligne centrale. Joignez aP, que vous diviserez en deux parties égales, au point $\frac{a}{2}$, et menez par ce point une parallèle à ab, qui rencontre l'horizon au point $\frac{F}{2}$; tirez $\frac{PF'}{2}$, à l'extrémité de laquelle vous élèverez une perpendiculaire; par le point $\frac{F'}{2}$ d'inter-section de cette perpendiculaire avec l'horizon, menez $\frac{aF'}{2}$; la parallèle ac à $\frac{aF'}{2}$ formera avec ab un angle droit perspectif.

164. — *Étant donné un angle droit perspectif* bac, *construire au point d un autre angle droit dont les côtés soient parallèles à* ab *et* ac. Il suffit de construire par le sommet de l'angle une parallèle à chacun des côtés de l'angle donné (162).

TABLEAU XVII. (Pl. 5.)

165. — *Étant donnée la perspective indéfinie d'une droite, porter sur cette droite une grandeur déterminée.* P est le point de vue, ay la droite indéfinie dont le point de fuite est au dehors du tableau, ac la grandeur qu'il s'agit de reporter sur ay, et $P\frac{P'}{2}$ une fraction de la distance, telle que la moitié, reportée sur la ligne centrale. On doit remarquer que la grandeur ac est mesurée à l'échelle du plan parallèle au tableau passant par le point a. Joignez aP, prenez une fraction de aP égale à celle de la distance principale, et par le point de partage $\frac{a}{2}$ tirez $\frac{aF}{2}$ parallèle à ab; joignez cP, et par le point $\frac{a}{2}$ menez $\frac{ac}{2}$ parallèle et égale à ac. L'opération consiste maintenant à reporter $\frac{ac}{2}$ sur $\frac{aF}{2}$. Pour y parvenir, tirez $\frac{P'F}{2}$, et par l'extré-mité $\frac{P'}{2}$, $\frac{P'x}{2}$ parallèle à l'horizon; tracez l'arc de cercle mon et la corde mn. $\frac{P'}{2}n$ étant égal à $\frac{P'}{2}m$, toute autre droite parallèle à mn coupera les droites $\frac{P'}{2}x$, $\frac{P'F}{2}$ et leurs parallèles à distance égale de leurs points d'intersection. Tirant par $\frac{P}{2}$ une parallèle à mn, son point $\frac{F}{2}$ d'intersection sera la moitié de la distance PF' du point de vue P au point de fuite des parallèles à mn, et la droite $\frac{cF'}{2}$, par son intersection avec $\frac{aF}{2}$, déterminera la grandeur $\frac{ab}{2}$ égale à $\frac{ac}{2}$. Menez alors $\frac{b}{2}P$ qui coupe ay au point b, et ab sera égale à ac. Le point de fuite $\frac{F}{2}$ se trouvant ici rapproché du point de vue, on peut simplifier l'opération en prenant PF' double de $P\frac{F}{2}$, et en joignant cF' qui détermine de même le point b sur ay.

166. — Quand le point de fuite est dans le tableau, et que la distance entièr[e] peut être portée sur la ligne centrale au-dessus du point de vue, on opère de suite comme on a opéré pour la demi-distance.

TABLEAU XVIII. (Pl. 5.)

167. — *Diviser une ligne tendant à un point accidentel en parties égales ou proportionnelles.* Opérez absolument de la même manière que pour une ligne per-pendiculaire au tableau (156).

CHAPITRE III.

Perspective des figures planes rectilignes situées dans des plans horizontaux ou verticaux.

TABLEAU XIX. (Pl. 5.)

168. — *Dessiner la perspective d'un carré placé dans le plan objectif, parallè-lement à la base du tableau, fig. 1.* P est le point de vue, D le point de distance, et ab le côté du carré. Menez les perpendiculaires aP, bP et la ligne à 45° bD, qui coupe aP au point c. ac est la profondeur du carré. Achevez le carré en traçant cd parallèle à ab. On voit en effet que, dans la *fig.* 2, qui est le tracé géométral du carré et des lignes qui servent à la construction de sa perspective, que les diago-nales sont des lignes à 45°.

Si on opérait avec une fraction de la distance, avec $\frac{D}{2}$, par exemple, la profon-deur du carré serait déterminée par la rencontre de aP et de $\frac{aD}{2}$ menée par la demi-distance et la moitié de ab.

169. — *Étant donné un point sur le côté d'un carré, trouver la perspective d'un point placé sur le côté contigu à la même distance de leur point d'intersection.* Tracez dans le carré une des diagonales bc; par le point m donné sur le côté ab, menez mP qui coupe la diagonale en m^1; traçant m^1x parallèle à ab, le point m' donné par son intersection avec un des côtés bd sera à une même distance du point b que le point m.

170. — *Sur le prolongement d'un de ses côtés fuyants répéter plusieurs fois un carré perspectif donné.* $abcd$, *fig.* 3, est le carré donné, et nous supposerons qu'on ne peut se servir que de la demi-distance $P\frac{D}{2}$. Prenez le milieu m de ab, et joignez mP; par le point m' d'intersection de cette droite et du côté cd menez $m'\frac{D}{2}$ qui coupe aP au point e, et tirez ef parallèle à cd; vous obtiendrez ainsi le carré $cdef$ égal au carré $abcd$, et par une opération analogue les carrés suivants. On peut simplifier cette construction en menant des droites telles que dP qui, par son intersection successive avec mP et aP aux points m'' et g, détermine les côtés ef et gh de deux carrés consécutifs.

TABLEAU XX. (Pl. 5.)

171. — *Dessiner en perspective un pavé composé de plusieurs rangées de dalles carrées parallèles au tableau.* P est le point de vue, et P$\frac{D}{2}$ la moitié de la distance. Portez sur la base du tableau la largeur des dalles aux points A, B.... E, et tirez AP, BP.... EP; prenez le milieu m d'une des largeurs DE, joignez mP (107), tirez D$\frac{D}{2}$ qui coupe mP et EP aux points e', e'', et menez $e'e'$, $e''e''$ parallèles à la ligne de terre et qui déterminent les deux premières rangées. Opérez de même pour construire les autres rangées.

172. — S'il fallait tracer dans un plafond un compartiment tout à fait égal au dallage d'une salle, on déduirait directement la perspective du plafond de celle du plancher au moyen de lignes de renvoi verticales telles que AA^2, $e''e''^2$, comme on l'a indiqué dans le tableau.

TABLEAU XXI. (Pl. 5.)

173. — *Construire la perspective d'une rangée de carrés placés dans un plan horizontal parallèlement à la ligne de terre, et dont l'axe est perpendiculaire au tableau, en laissant entre eux une égale distance.* P est le point de vue, ABCD, $abcd$ sont deux carrés dont les centres Oo se trouvent sur la même ligne OP perpendiculaire au tableau, et distants entre eux de l'intervalle Ca.

Il s'agit de construire deux autres carrés en observant entre eux un intervalle égal à Ca. Par le point E, où l'axe OP rencontre le côté CD du premier carré, et le point a, menez Ea que vous prolongerez jusqu'à sa rencontre en F avec l'horizon. Menez alors, par le point e où OP coupe le côté cd du deuxième carré, eF parallèle à EF, qui coupe AP au point a', et tirez $a'b'$ qui sera le côté du troisième carré. En effet, ca' est égale à Ea (20), ec est égale à Ec, l'angle cea' est égal à l'angle CEa, puisque les côtés de ces deux angles sont parallèles, donc les deux triangles cea', CEa sont égaux (37), et ca' est égal à Ca. Ayant construit sur $a'b'$ le troisième carré $a'b'c'd'$ (168), vous trouverez le côté $a''b''$ du quatrième carré en opérant de la même manière que pour trouver le côté $a'b'$ du carré précédent.

174. — On peut, pour éviter les lignes d'opération sur le tableau, employer une échelle fuyante GHK tracée séparément, *fig.* 2. Portez sur HK les profondeurs dans le tableau des points D, b, d aux points D^2, b^2, d^2; menez D^{2}C^2, b^2a^2, d^2c^2 parallèles à GH, et tirez les droites HC^2, D$^2a^2$, que vous prolongerez jusqu'à ce qu'elles coupent la ligne d'horizon aux points F et F'. Cela fait, menez d^2F', et par son point d'intersection a'^2 avec GK menez $a'^2b'^2$ parallèle à GH; reportez la hauteur Hb'^2 dans le tableau, et menez à cette hauteur, parallèlement à la ligne

de terre, la droite xy; la partie $a'b'$ de cette droite comprise entre les parallèles AP, BP sera le côté du troisième carré. Pour avoir le côté $c'd'$, menez dans l'échelle fuyante b'^2F, et par son point d'intersection c'^2 avec HK, une parallèle $c'^2d'^2$; reportez dans le tableau la hauteur Hd'^2, et menez la parallèle vz qui, par son intersection c' et d' avec AP et BP, vous donnera le côté cherché. Il ne restera plus qu'à joindre $a'c'$, $b'd'$ pour avoir le troisième carré. Le quatrième se construira de la même manière.

TABLEAU XXII. (Pl. 5.)

175. — *Mettre en perspective un parallélogramme* ABCD, *fig. 1, dont un côté est parallèle à la ligne de terre.* P, *fig.* 2, est le point de vue, P$\frac{D}{2}$ la demi-distance, ab le côté du parallélogramme parallèle à la ligne de terre, et $a\frac{h}{2}$ la moitié de la hauteur AH prise entre les côtés AB, CD, *fig.* 1. Menez aP et $\frac{kD}{2}$ qui se coupent au point h, et tracez par ce point xy parallèle à ab. ah étant la hauteur perspective du parallélogramme (48), xy devra contenir la perspective du côté CD parallèle à AB; construisez alors par les milieux $\frac{a}{2}$, $\frac{b}{2}$ de aP et de bP les perspectives $\frac{aV}{2}$, $\frac{bV}{2}$ de lignes parallèles aux côtés du parallélogramme (160), et menez par a et b des parallèles à ces perspectives qui, par leur intersection c et d avec xy, détermineront la perspective $abcd$ du parallélogramme. Le point de fuite $\frac{F}{2}$ se trouvant rapproché de la ligne centrale, on peut simplifier l'opération en reportant P$\frac{F}{2}$ en F, et en tirant de suite aF et bF.

TABLEAU XXIII. (Pl. 5.)

176. — *Mettre en perspective un carré horizontal vu d'angle, c'est-à-dire placé de telle sorte qu'une de ses diagonales est parallèle au tableau.* P, *fig.* 3, est le point de vue, D, D^2 sont les points de distance, et m le centre du carré. Par le point m tirez mx parallèle au tableau, et portez de m en b et c la moitié de la largeur de la diagonale du carré; menez les droites bD, cD^2, bD^2, cD, dont vous prolongerez les premières. Les points d'intersection a et d de ces droites détermineront les côtés ab, ac, bd, cd du carré $abcd$ perspective du carré dont bc est la diagonale.

177. — Si on ne peut se servir que de la demi-distance, ayant tiré mx et mP on portera de chaque côté du point m la moitié de la demi-diagonale aux points b et c, et par le milieu $\frac{b}{2}$ de mb, on tirera $\frac{bD}{2}$, $\frac{bD^2}{2}$, dont les points d'intersection a et d avec mP détermineront la grandeur perspective de l'autre diagonale ad. Il ne restera plus, pour avoir la perspective du carré, qu'à joindre ab, ac, cd, bd.

La figure 4 montre l'opération en géométral.

TABLEAU XXIV. (Pl. 5.)

178. — *Dessiner en perspective un pavé composé de dalles carrées vues d'angle.*
P est le point de vue, et $P\frac{D}{2}$ la demi-distance. Portez sur la base du tableau les grandeurs des diagonales AC, CE... EH, que vous partagerez en deux parties égales aux points b, d, f..., et joignez A P, b P, C P, d P.... Tracez la moitié du carré A B C au moyen de la demi-distance (176); menez parallèlement à la base du tableau yy', qui coupe d P, f P aux points D, F, et tracez les côtés C D, D E, F E, F H des demi-carrés de la première rangée. En prolongeant les côtés de ces carrés, on obtiendrait bien les carrés des autres rangées; mais comme il est difficile de prolonger exactement une droite qui n'a qu'une faible longueur, il vaut mieux opérer de la manière suivante : tracez l'échelle M N O; portez sur M N la hauteur Ay en A'; menez A'A" parallèle à M O; tirez la diagonale M A" qui coupe l'horizon au point F², ainsi que la ligne fuyante A'F² qui coupe N O au point b', et menez $b'b''$ parallèlement à M O; tracez dans le tableau parallèlement à la ligne de terre et à une profondeur égale à Mb'' la droite xx' qui coupe les droites A P, C P, E P, H P aux points a, c, e, h, et joignez aB, Bc, cD, De, eF, Fh..., qui sont les côtés des carrés de la seconde rangée. On obtiendra chacune des autres rangées par une construction semblable.

TABLEAU XXV. (Pl. 5.)

179. — *Dessiner la perspective d'un carré horizontal dont les côtés sont dirigés à des points accidentels placés au dehors du tableau.* P est le point de vue, $P\frac{P'}{2}$ la demi-distance reportée sur la ligne centrale, a le sommet de l'angle du carré le plus rapproché de la base du tableau, ae la longueur du côté ab mesuré dans le plan du point a, et $m\frac{P'}{2}n$ l'angle qu'un des côtés passant par le point a et prolongé, formerait avec le tableau.

Construisez d'abord, avec la moitié de la distance prise pour distance entière, la perspective d'un carré dont le sommet de l'angle correspondant à a est placé en $\frac{a}{2}$, pris sur la perpendiculaire aP. Après avoir mené, comme il a été fait plus haut, la droite $\frac{aF}{2}$ formant avec le tableau l'angle donné (23), et la droite $\frac{aF'}{2}$ qui fait avec elle un angle droit, reportez sur $\frac{aF}{2}$ la grandeur $\frac{ae}{2}$ égale à ae. Ayant ainsi obtenu le côté $\frac{ab}{2}$ (161), menez $\frac{P'F'}{2}$ qui divise l'angle $\frac{FP'F'}{2}$ en deux angles égaux; joignez $\frac{aF'}{2}$ ainsi que $\frac{bF}{2}$, et par le point d'intersection $\frac{d}{2}$ de ces deux droites, menez $\frac{dF}{2}$ qui coupe $\frac{aF'}{2}$ au point $\frac{c}{2}$; vous obtiendrez ainsi le carré $\frac{abcd}{2}$.

Menez alors ax et ay parallèles à $\frac{aF}{2}$ et à $\frac{aF'}{2}$, et ayant déterminé le côté ab, tirez az parallèle à $\frac{aF'}{2}$. Vous achevez le carré en menant, par le point b, une parallèle à $\frac{bF'}{2}$, et par le point d'intersection d, la parallèle dc à $\frac{dc}{2}$.

TABLEAU XXVI. (Pl. 5.)

180. — *Dessiner en perspective une rangée horizontale de dalles carrées, dont les côtés concourent à des points de fuite accidentels, et dont l'axe est dirigé suivant une des diagonales des carrés.* P est le point de vue, $\frac{PP'}{2}$ la demi-distance reportée sur la ligne centrale, et $\frac{P'F}{2}$, $\frac{F'F}{2}$ les parallèles aux côtés des carrés.

Construisez le premier carré $abcd$ (179); prolongez la diagonale ad, qui coupe l'horizon au point F", et menez bF", cF" parallèle à l'axe aF"; construisez l'échelle fuyante M N O; portez sur M N en a' et d' la profondeur dans le tableau des points a et d, menez $d'd''$ parallèle à M N, et tirez $a'd''$ que vous prolongerez jusqu'à sa rencontre avec l'horizon au point F²; joignez alors d'F² qui coupe N O au point g'', tirez $g''g'$ parallèle à M N, et menez dans le tableau, à une profondeur égale à Mg', une parallèle xy à la ligne de terre. Son intersection avec aF" déterminera en g l'extrémité de la diagonale du deuxième carré. Pour tracer ce carré, prolongez les côtés bd, cd du premier carré, jusqu'à ce qu'ils coupent les lignes b F", cF" aux points e, f, et tirez eg, fg.

Les autres carrés se construiront absolument de la même manière.

TABLEAU XXVII. (Pl. 5.)

181. — *Sur le prolongement de deux des côtés d'un carré horizontal, dirigés à des points accidentels, dessiner un autre carré égal au premier.* $abcd$ est le carré donné, et e est le sommet de l'angle placé sur le prolongement d'un des côtés ab, correspondant au sommet de l'angle bac du carré donné.

Commencez par tirer la diagonale ad qui coupe l'horizon au point F", et menez-lui la parallèle eF" qui coupe cd prolongé au point h; eh est une des diagonales du deuxième carré.

Ayant construit l'échelle fuyante M N O, portez sur M O en a' et b' la profondeur des points a et b dans le tableau; menez $b'b''$ parallèle à M N et $a'b''$ qui coupe l'horizon au point F², reportez également sur M O en e' la profondeur du point e dans le tableau, et tirez e'F² qui coupe N O au point f'': menez $f''f'$ parallèle à M N, et tracez dans le tableau, à une profondeur égale à Mf', une parallèle xy à la ligne de terre; cette parallèle coupe cd prolongée au point f; tirez ef, qui sera le côté parallèle à ac, ainsi que fh, côté parallèle à cd. Pour construire les deux autres côtés du carré, prenez la profondeur du point h dans le tableau; reportez-la sur M O en h', tirez à M N la parallèle $h'h''$, et par le point h'' menez h''F², qui coupe M O au point g'; reportez dans le tableau la hauteur Mg', comme nous venons de le faire, sur le prolongement de *ab* au point *g*, et tirez *eg*, *gh* qui achèveront le carré.

TABLEAU XXVIII. (Pl. 6.)

182. — *Répéter à égales distances, sur le prolongement d'un de ses côtés, la perspective d'un carré horizontal oblique au tableau.* ABCD, *fig.* 1, est la perspective du carré donné, O*y* l'axe parallèle aux côtés AC, ou BD, sur le prolongement duquel doivent être placés les côtés des autres carrés, et O*o* la distance perspective d'un centre à l'autre. La figure 2 est le tracé géométral de l'opération.

Après avoir mené sur le prolongement des côtés AC et BD les droites A*v* et B*x*, prolongez les diagonales AD, BC, dont la première rencontre la ligne d'horizon au point F; tirez parallèlement à OF la droite *o*F, qui coupe le prolongement de la diagonale BC au point E, et de ce point, ainsi que par le milieu *m* de O*o* (154), menez la droite E*m*; par le point G d'intersection de E*m* avec AF, et le centre *o* du deuxième carré, tirez G*z* qui coupe B*x* et A*v* aux points *b* et *c*, sommets des angles correspondants à ceux B et C du premier carré. Les points *a* et *d*, sommets des deux autres angles, se trouvent à la rencontre des mêmes droites par la droite *o*F, et les droites *ab*, *ac*, *cd*, *db* sont les côtés du deuxième carré.

Pour obtenir les carrés suivants, tels que le carré *a'b'c'd'*, tracez parallèlement à O*y*, les droites E*s*, G*t*; prolongez la diagonale *bc* du deuxième carré, et par son point *e* d'intersection avec E*s*, menez *e*F parallèle à EF, qui détermine par sa rencontre en *o'* avec l'axe O*y*, la distance *oo'* égale à O*o*, et par son intersection avec A*v* et B*x*, les points *a'* et *d'* correspondants aux points A et D; menez alors, par le point *o'* et le point *g* où *o*F coupe G*t*, la droite *go'*, qui rencontre les parallèles A*v* et B*x* aux points *b'c'*, et joignez *a'c'*, *c'd'*, *d'b'*, *b'a'*, qui seront les côtés du troisième carré.

TABLEAU XXIX. (Pl. 6.)

183. — *Construire la perspective de plusieurs carrés horizontaux inscrits l'un dans l'autre, ayant un centre commun et les côtés parallèles.* P est le point de vue, et $\frac{\text{PD}}{2}$ la demi-distance. Ayant construit la perspective du carré ABCD (*fig.* 1) et tracé les diagonales AD, BC, tirez, par le centre E, la droite FG parallèle et égale à AB; sur FG portez en *fg* et en *f'g'* la grandeur des côtés de deux autres carrés, et par les points *fg*, *f'g'*, menez à AC ou BD des parallèles qui, par leur intersection avec les diagonales, détermineront les côtés *ac*, *a'c'*, *bd*, *b'd'*, et joignez *ab*, *cd*, *a'b'*, *c'd'*, qui seront les perspectives des côtés parallèles à AB ou CD.

184. — *Construire la perspective d'un carré entouré d'une bordure et dans lequel est inscrit un carré vu d'angle* (*fig.* 2). Ayant tracé la perspective du carré ABCD, les diagonales AD, BC, que vous prolongerez en dehors des côtés, et par le centre la droite *xy* parallèle au côté AB, qui coupe les côtés AC, BD aux points E, F, portez de E en G, et de F en H, la largeur de la bordure, et menez, par les points G et H, des parallèles à AC; par les points d'intersection J, I, K, L de ces parallèles et des diagonales, tirez les droites JI, IL, LK, KJ, qui formeront la bordure du carré ABCD. Pour construire le carré vu d'angle, menez par le centre les perpendiculaires *xy*, *z*P, qui coupent les côtés du carré donné aux points E, F, Q, R, et joignez EQ, QF, FR, RE, qui sont les côtés du carré inscrit.

TABLEAU XXX. (Pl. 6.)

185. — *Construire la perspective de carrés verticaux parallèles au tableau.* Il suffit de construire un carré géométral sur la perspective de la base; on a représenté dans ce tableau deux carrés dont les bases *ab*, *ef* se trouvent comprises entre deux parallèles.

TABLEAU XXXI. (Pl. 6.)

186. — *Construire la perspective de carrés verticaux perpendiculaires au tableau.* P est le point de vue, P$\frac{D}{2}$ la demi-distance, et *ab*, *fig.* 1, un côté vertical du carré. Construisez *ad* égale perspectivement à *ab* (150), et menez par les points *b* et *d* des parallèles à *ad* et à *ab*.

187. — *Étant donné un carré vertical vu en fuite, construire un autre carré qui lui soit perspectivement égal.* *a'*, *fig.* 2, est le point correspondant au point *a* du carré donné *abcd*, *fig.* 1. Construisez au moyen de l'échelle verticale EFG, dans laquelle EG est égale à *ab*, la hauteur *a'b'* égale à *ab*, et au moyen de l'échelle horizontale EHF, *a'd'* égale à *ad*. Les lignes ponctuées indiquent suffisamment l'opération.

TABLEAU XXXII. (Pl. 6.)

188. — *Étant données la vue de fuite d'un rectangle vertical perpendiculaire au tableau et celles de droites parallèles à la base du rectangle, construire sur ces droites comme bases des rectangles semblables.* P est le point de vue, *abcd* est le rectangle donné, *ef*, *ij* sont les bases perspectives de deux rectangles semblables qu'il s'agit de construire. Prenez le milieu *m* de *cd*, et joignez *am* que vous prolongerez jusqu'à sa rencontre en +P avec la ligne centrale; menez les verticales *ex*, *iy*, et les droites *f*+P, *j*+P qui se coupent deux à deux aux points *m'* et *m"*; reportez *em'*, *im"* en *g* et *k*. Les droites *eg*, *ik* seront les côtés des rectangles dont on terminera le tracé en menant par les points *k*, *g*, *f*, *j* des parallèles aux côtés *ef*, *ij*, *eg*, *ik*.

TABLEAU XXXIII. (Pl. 6.)

189. — *Étant donnée la vue de fuite d'un rectangle vertical perpendiculaire au tableau, et un des côtés verticaux de rectangles semblables, construire la perspective de ces rectangles.* Opérez comme dans le tableau précédent, mais en sens inverse. Si la ligne passant par le milieu du côté vertical et l'extrémité de la base rencontrait la ligne centrale hors du tableau, vous prendriez une fraction différente telle que le quart, comme on l'a fait pour le rectangle perspectif, *a'b'c'd'*, du Tableau XXXIV.

TABLEAU XXXIV. (Pl. 6.)

190. — *Construire sur le prolongement de la base d'un rectangle vertical perpendiculaire au tableau, la perspective d'un rectangle égal.* P est le point de vue, *abcd* est le rectangle vu en fuite; le point *e* placé sur le prolongement de *ab* correspond au point *a*. Prenez sur le côté *bd* un point quelconque *f*, et joignez *af* que vous prolongerez jusqu'à sa rencontre avec la ligne centrale au point +P; menez alors *c*P, *e*+P, *f*P, et par le point d'intersection *k* de ces deux dernières droites et le point *e* élevez les verticales *gi*, *eh* égales à *ac*. Joignez *hi* et *eg* qui achèvent le rectangle *ehig* égal au rectangle *abcd*.

TABLEAU XXXV. (Pl. 6.)

191. — *Répéter plusieurs fois sur le prolongement de sa base la vue de fuite d'un rectangle vertical perpendiculaire au tableau.* P est le point de vue, D le point de distance, et *abcd* un rectangle dont la hauteur est égale à *ac* et la base à *a*B, et qu'il s'agit de répéter plusieurs fois sur le prolongement de *ab*. Ayant prolongé *cd*, menez arbitrairement la droite *cx* qui coupe la ligne centrale au point —P et le côté *db* au point *e*; menez *e*P et *d*P, et par le point d'intersection *h* de ces deux droites menez *fg* parallèle à *bd*, et qui déterminera le rectangle *bdfg* égal à *abcd*. Répétez cette opération pour obtenir la perspective des autres rectangles.

TABLEAU XXXVI. (Pl. 6.)

192. — *Répéter plusieurs fois à égales distances sur le prolongement de sa base la vue de fuite d'un rectangle vertical perpendiculaire au tableau.* P, *fig.* 1, est le point de vue, *abcd* la vue de fuite du rectangle vertical, *ef* le côté du deuxième rectangle, et *be* la distance perspective à observer entre deux rectangles consécutifs. Ayant prolongé les côtés *ab*, *cd*, et mené les diagonales *ad*, *bc*, joignez *bf*, et tirez, par le centre *o* du rectangle, *o*P parallèle à *ab*. Par le point *i* d'intersection de *bf* et de *o*P élevez une verticale *xx* qui rencontre au point *k* le prolongement de la diagonale *ad*; menez *kf*, et par le point *h* où cette ligne vient couper le côté *ab* prolongé, élevez la verticale *hg*; vous obtiendrez ainsi le rectangle *efgh* perspectivement égal à *abcd*. Pour trouver la distance qui sépare le deuxième et le troisième rectangle, et qui doit être égale à *be*, menez *k*P et la diagonale *eg* qui se coupent au point *k'* par lequel vous tracerez la verticale *k'y*; tirant par le point d'intersection *i'* de cette dernière droite et de *o*P la droite *hi'*, son prolongement rencontrera *e*P au point *c'*, et vous aurez *gc'* égal à *be*. Quant au troisième rectangle, il s'obtiendra par la même construction que le premier. Le *fig.* 2 est le tracé géométral de l'opération.

TABLEAU XXXVII. (Pl. 6.)

193. — *Construire la vue de fuite d'un carré vertical oblique au tableau.* *ab* est un des côtés verticaux du carré, et *bx* est la direction de la base dont le point de fuite est hors du tableau. Menez par le point *b* une parallèle à la ligne de terre sur laquelle vous reporterez la grandeur de *ab* au point C, et construisez *bc* égale à *b*C (165); élevez au point *c* une verticale, portez-y en *d* la grandeur *c'd'* prise dans l'échelle verticale EFG, et joignez *ad*. Vous pouvez remplacer l'échelle perspective par la construction du paragraphe suivant.

194. — *Étant donné deux des côtés contigus d'un carré vertical oblique au tableau, construire les deux autres côtés.* *ab* et *bc* étant les deux côtés donnés, élevez au point *c* une verticale indéfinie *cy*, et joignez *ac*. Ayant construit le milieu *m'* de *bc*, élevez par ce point une verticale qui coupe *ac* en *m*, et tirez *bm* dont le prolongement coupe *cy* au point *d*; joignez *ad*, *cd*, qui seront les deux côtés cherchés.

195. — *Construire la perspective de deux carrés verticaux obliques au tableau, inscrits l'un dans l'autre, ayant un centre commun et leurs côtés parallèles.* Ayant tracé le plus grand carré *abcd*, menez les diagonales, et par leur point d'intersection la droite *ef* parallèle à *bc*, et qui partage en deux parties égales, aux points *e* et *f*, les côtés *ab* et *cd*; portez de chaque côté du point *e* la moitié du côté *gh* du carré inscrit; prenez sur l'échelle perspective la grandeur *d'i'* égale à *g'* G^h ou *ag*, et reportez-la de *d* en *i* et de *c* en *k*; tirez *gi*, *hk*, qui coupent les diagonales aux points *l*, *m*, *n*, *o*, et joignez *lm* et *no* qui doivent être parallèles à *ab*. On pourrait, pour éviter l'échelle perspective, construire le rectangle *bgic*, comme on vient de l'indiquer dans le paragraphe précédent. On ferait ensuite *bh* et *ck* égales à *ag* et *di*, et on tracerait le carré comme dans la première construction.

196. — La construction du carré en losange, inscrit dans le carré *lmno*, est indiquée suffisamment par les lignes d'opération.

TABLEAU XXXVIII. (Pl. 6.)

197. — *Construire la perspective d'un rectangle vertical oblique au tableau, et dont le tracé géométral* abcd, *fig.* 1, *est donné.* Même opération que pour construire la perspective du carré.

198. — *Dans un rectangle perspectif inscrire un autre rectangle dont les côtés soient parallèles aux côtés du rectangle donné, et à égale distance de ces mêmes côtés.* Construisez, *fig.* 1, le tracé géométral des deux rectangles *abcd*, *efgh*, menez par le centre commun *ij* parallèle à *ab*, et joignez *ae*, *bf*, *cg*, *dh*, dont les prolongements viennent se couper en *k* et en *l* sur la droite *ij*, à distance égale des points *i* et *j*.

Ayant tracé le rectangle perspectif *cda'b'*, *fig.* 2, menez par le centre la verticale *i'j'*, et construisez sur cette verticale, au moyen de l'échelle perspective, *fig.* 3, les perspectives *k' l'* des points *k*, *l*; joignez *ck'*, *a'k'*, *dl'*, *b'l'*, reportez sur *cd* en *g'h'* la grandeur *gh* du côté du rectangle inscrit, et menez *g'x* parallèle à *ca'*;

tirez par les points d'intersection e' et g' de cette parallèle, et de ck', $a'k'$, deux verticales qui coupent dk', $l'b'$ aux points f' et h', et joignez f' h'. On peut s'exercer à tracer dans le rectangle inscrit le losange $mnop$.

TABLEAU XXXIX. (Pl. 6.)

199. — *Sur la surface de rectangles verticaux obliques, tracer des lignes horizontales.* $aceg$ est la perspective d'une ligne brisée qui sert de base à trois rectangles, dont la hauteur commune est la verticale ab. Les points k, l, indiquent les hauteurs auxquelles doivent être tracées les lignes horizontales. Marquez en E la profondeur du point a dans le tableau, et construisez l'échelle perspective E F G, dans laquelle EG est égale à ab; portez sur EG, aux points k^2 et l^2, les hauteurs des points k, l, et menez k^2F, l^2F; reportez sur EF, en c^2, e^2, g^2, la profondeur dans le tableau des points c, e, g, et menez les verticales c^2d^2, e^2f^2, g^2h^2, qui seront les hauteurs perspectives des côtés des rectangles. Les intersections de ces mêmes verticales par k^2F, et l^2F, donneront également aux points k^{2l}....k^{2lll}, l^{2l}....l^{2lll} les hauteurs k'....k'''....l'....l''' auxquelles devront être tracées les horizontales perspectives.

TABLEAU XL. (Pl. 6.)

200. — *Tracer sur les faces d'un mur oblique au tableau les perspectives de pierres disposées par assises.* $bdef$, $acgh$ sont deux faces de mur rectangulaires obliques au tableau; $abcd$ est une partie vue de front, sur laquelle sont figurés les joints des assises, les uns verticaux, les autres horizontaux; ces derniers divisent en parties égales les arêtes ac et bd. Pour en avoir les perspectives sur les faces obliques, divisez les droites ef, gh, en autant de parties $f1'$,... $4'e$, $h'1'$....$4'g$ que bd et ac, et joignez $11'$,...$44'$.... Construisez maintenant sur bf et ch, au point k, la largeur perspective d'une assise, et menez la verticale kl; tirez $1k$ et bl, dont le prolongement donnera, par son intersection avec les joints horizontaux successifs, les points m, n, o, p, par lesquels devront être tirés les joints verticaux dans les cours d'assises $b1$, 23, $4d$; ceux des assises intermédiaires s'obtiennent de la même manière, en se servant de l'assise $rstv$, dont les joints verticaux sont à plomb des centres des deux premières assises inférieures. La figure indique comment, arrivé au dernier joint horizontal dc, on reprend une nouvelle construction tout à fait semblable pour tracer une autre série de joints verticaux.

TABLEAU XLI. (Pl. 7.)

201. — *Mettre en perspective un plancher en point de Hongrie.* Le plancher en point de Hongrie est composé de bandes parallèles remplies par de petites planches nommées *frises*, disposées suivant la diagonale du carré et en sens inverse dans deux bandes contiguës. Ici les bandes parallèles sont perpendiculaires au tableau.

P est le point de vue, et $\mathrm{P}\frac{\mathrm{D}}{2}$ la moitié de la distance. Portez sur la base du tableau les largeurs A B, B C des bandes parallèles, que vous diviserez chacune en cinq parties égales, et tirez les droites A P, B P, C P.... perpendiculaires au tableau et qui déterminent les perspectives des bandes parallèles. Pour obtenir la perspective des frises dans une des bandes A B P, portez sur A P et B P la largeur A B aux points a et b, et construisez l'échelle perspective M N O, dans laquelle vous porterez sur M O en a'' la profondeur du point a ou b prise dans le tableau. Tirez $a''a'$ parallèle à M N et Ma', dont le prolongement vient couper l'horizon au point F². Divisez alors M N dans le même rapport que A B, et par les points de division $1'$.... $4'$, menez les parallèles $1'$O,.... $4'$O, qui coupent M F² aux points $1''$.... $4''$; reportez dans le tableau, sur les droites A P et B P, la distance des points $1'^2$.... $4'^2$ à la base de l'échelle, aux points 1^2....4^2 et $1''^2$.... $4''^2$, et joignez 11^2.... 44^2, qui seront les joints des cinq premières frises. Pour avoir la perspective de cinq autres frises, tirez dans l'échelle perspective la droite a''F², qui coupe les droites $1'$O.... $4'$O et N O en $1'^3$....$4'^3$ et a'^3; reportez également ces points sur la droite A P aux points 1^3,....4^3 et a^3, et joignez $1''^2 1^3$.... $4''^2 4^3$ et ba^3. Vous obtiendrez ainsi successivement la perspective de toutes les frises de la même bande. La perspective de toutes les frises comprises dans les autres bandes s'obtiendra au moyen de parallèles à la base du tableau menées par les points 1^2.... a^3, qui détermineront sur chacune des parallèles à A P les rencontres des joints.

TABLEAU XLII. (Pl. 7.)

202. — *Mettre en perspective un hexagone horizontal, dont deux des côtés sont perpendiculaires au tableau.* P est le point de vue, D le point de distance, et la figure 1 le tracé géométral de l'opération. Commencez par construire, *fig. 2*, la perspective $abcd$; du rectangle A B C D, *fig. 1*, qui comprend l'hexagone, tracez les diagonales ad, bc, et par le centre e de la figure deux droites eP et xx, l'une parallèle au côté ac, l'autre parallèle au côté ab, et qui coupent les côtés du rectangle aux points f, g, h, i. Reportez sur xx de h en k et de i en l la distance ei ou eh, et tirez kf, kg, lf, lg, qui coupent les côtés du rectangle ac et bd aux points m, n, o, p; les droites fp, po,.... mf seront les côtés de l'hexagone.

203. — *Mettre en perspective un hexagone horizontal, dont deux des côtés sont parallèles au tableau.* Construisez (*fig. 3*) la perspective $abcd$ du rectangle A B C D, dont les côtés ac, bd sont parallèles au tableau; tracez les diagonales, et par le centre du rectangle, deux droites, l'une parallèle à ac, l'autre parallèle à ab, et qui coupent les côtés du rectangle aux points f, g, h, i; prenez les milieux k, l de df et de bf, et les milieux m, n de cg et de ag, et joignez kh, hm.... lk, qui seront les côtés de l'hexagone.

204. — *Construire la perspective d'un hexagone sans se servir de la figure géométrale.* Supposons l'hexagone situé dans un plan vertical perpendiculaire au tableau, et deux de ses côtés verticaux. La droite cd, *fig. 4*, sur laquelle doit être celui des côtés verticaux le plus rapproché du tableau, est égale à la hauteur de la ligne verticale F G, *fig. 1*, qui joint les sommets de deux angles opposés.

Partagez la droite *cd* en quatres parties égales , et , par chacun des points de division , menez les droites *c*P, *a*P, *m*P, *b*P et *d*P. Construisez sur le côté *ab* comme base le triangle équilatéral *a*O*b*, et portez en *mo*, sur la droite *m*P, la hauteur perspective *m*O de ce triangle. Le point *o* sera le centre de la figure. Tirez alors par le centre une verticale qui coupe *c*P et *d*P aux points *c* et *f*, et l'oblique *ao* dont le prolongement rencontre *b*P au point *g*; élevez par ce point une verticale qui coupe *a*P au point *h*, et joignez *ae*, *eh*, *hg*, *gf*, *fb* qui termineront le contour de l'hexagone. La même construction peut s'employer également pour un hexagone horizontal.

TABLEAU XLIII. (Pl. 7.)

205. — *Dessiner en perspective un dallage composé de carreaux hexagonals ou à six pans, dont deux des pans sont parallèles à la ligne de terre.* P est le point de vue, $P\frac{D}{2}$ la moitié de la distance, et la figure 1re le tracé géométral de l'hexagone et du rectangle circonscrit. Portez en G H, sur la ligne de terre, *fig.* 2, la base G'H' du rectangle G'H'I'K', *fig.* 1, ainsi que le côté A B de l'hexagone, et menez les parallèles G P, A P, B P, H P. Ayant marqué au point *m* la moitié G*m* de G'C' de la figure géométrale, menez $m\frac{D}{2}$, qui coupe G P au point C, puis C D parallèle à la ligne de terre, et joignez A C, B D; ayant ainsi obtenu la perspective C A B D de la moitié de l'hexagone, construisez l'échelle fuyante N M O, qui vous donnera la perspective C D I K, I K *cd*, *cdik*, de rectangles égaux au rectangle G H C D, et dont les côtés parallèles à la ligne de terre sont coupés par les droites A P et B P aux points E, *e*, F, *f*, qui déterminent les côtés E F, *ef*, parallèles à la ligne de terre; il ne restera qu'à joindre C E, E*c*, *ce*, et D F, F*d*, *df*, pour avoir les hexagones composant la première rangée. Les rangées contiguës se construisent successivement de la même manière, comme on peut s'en rendre compte sur la figure, au moyen des lignes d'opération qui y sont tracées.

TABLEAU XLIV. (Pl. 7.)

206. — *Dessiner la perspective d'un carrelage composé d'hexagones et de losanges.* P est le point de vue, $P\frac{D}{2}$ est la moitié de la distance, et la *fig.* 1, le géométral d'un des hexagones. Commencez par construire, *fig.* 2, au moyen de l'échelle fuyante M N O, *fig.* 3, les perspectives des rangées contiguës de rectangles, A B C D, C D *ab*, *abcd*, égaux au rectangle A B C D, *fig.* 1, et dont le plus grand côté est perpendiculaire à la ligne de terre. Par le milieu I de B A menez I P, qui coupe les côtés D C, *ba*, *dc*, aux points I', *i*, *i'*. Divisez alors la base M N de l'échelle fuyante en parties M E, E H, H N, qui aient entre elles les mêmes rapports que les parties B E, E F, F D, *fig.* 1, comprises dans le côté B D du rectangle A B C D, et menez les lignes fuyantes E F, H F, N F, qui rencontrent le côté M O de l'échelle aux points E', H' et D'. Reportez dans le tableau, sur A P et B P,

aux points *e*, *f*, *g*, *h*, la hauteur des points E' et H' au-dessus de M N, et joignez *le*, *eg*, *gl'*.... *f*1, qui seront les côtés de l'hexagone. On obtiendra de la même manière l'hexagone suivant, en se servant des points *e'*, *h'*, intersection des droites E O, H O, par la ligne D'*n* parallèle à M N, comme on s'est servi des points E, H. La figure 2 indiquera suffisamment comment, au moyen de parallèles à la ligne de terre, on obtient toutes les autres rangées d'hexagone. Quant aux losanges, leurs perspectives sont formées par quatre hexagones contigus.

TABLEAU XLV. (Pl. 7.)

207. — *Construire la perspective d'un octogone horizontal, dont deux côtés sont parallèles au tableau.* P est le point de vue, $P\frac{D}{2}$ la moitié de la distance et la figure 1re le tracé géométral de l'octogone original. Tracez, *fig.* 2, la perspective *abcd* du carré A B C D, *fig.* 1, où est inscrit l'octogone, les diagonales *ad*, *bc*, par le centre *o*, la droite *ef* parallèle au côté *ac*, et sur la base *ab* le côté *gh* de l'octogone, dont le milieu est placé sur *ab* au point *e*; menez les parallèles *h*P, *g*P, dont l'intersection avec le côté *cd* déterminera le côté de l'octogone *lk* parallèle à *gh*. Par les points *p*, *q*, *r*, *s*, où ces mêmes parallèles coupent les diagonales, menez d'autres parallèles à *ab*, qui, par leur rencontre avec *ac* et *bd*, vous donneront deux autres côtés *mn* et *ji* de l'octogone, dont vous achèverez la perspective en joignant *hj*, *ik*, *ln*, *mg*.

208. — *Construire la perspective d'un octogone horizontal, dont les côtés concourent à des points accidentels.* P est le point de vue, $P\frac{P'}{3}$ est le tiers de la distance reportée sur la ligne centrale.

Construisez, *fig.* 3, le carré perspectif *abcd*, dont les côtés sont parallèles perspectivement aux droites $\frac{P'F}{3}$ et $\frac{PF'}{3}$ (179), et tracez les diagonales *ad*, *bc*, dont vous prolongerez la première jusqu'à sa rencontre en F'' avec l'horizon. Construisez (*fig.* 4) l'échelle fuyante M N O, qui a pour hauteur M O, la distance du point *a* à l'horizon. Ayant divisé la base M N en parties M G², G²H², H²N, qui aient entre elles les mêmes rapports que les parties A G, G H, et H B de la figure 1re, reportez sur M O la profondeur dans le tableau du point *b* au point *b'*; menez *b'b''* parallèle à M N et M*b''*, que vous prolongerez jusqu'à sa rencontre avec l'horizon au point F²; menez alors les droites G²F², H²F², qui coupent N O aux points *g''* et *h''*, et reportez dans le tableau, *fig.* 3, sur *ab*, aux points *g* et *h*, la hauteur des points *g''* et *h''* au-dessus de M N. Marquez sur M O (*fig.* 4) en *c'* la profondeur du point *c* dans le tableau; menez *c'c''*, et par le point *c''*, M*c''*, que vous prolongerez jusqu'à sa rencontre avec l'horizon au point F³; tirez H²F³, G²F³, qui coupent N O aux points *m''n''* que vous reporterez sur *ac* (*fig.* 3) aux points *m*, *n*; menez *n*F'', *h*F'', qui déterminent les côtés *nl* et *hi*; joignez *gl*, qui coupe la diagonale *bc* au point *p*; tirez *np*, dont le prolongement coupe le côté *bd* au point *j* et la diagonale *ad* au point *q*; menez *hq*, qui rencontre *cd* au point *k*, et joignez *kj*.

TABLEAU XLVI. (Pl. 7.)

209. — *Construire la perspective d'un octogone horizontal dont le côté est donné, sans se servir de la figure originale.* P est le point de vue, $P\frac{D}{2}$ la demi-distance, *ab*, *fig.* 1, est un des côtés perspectifs de l'octogone, parallèle à la ligne de terre. Par le milieu *m* de *ab*, élevez une perpendiculaire *mn* égale à *am* ou *bm*, et joignez *an*. Reportez la longueur de *an* sur *xx*, prolongement de *ab*, de *a* en *i* et de *b* en *j*; tirez les parallèles *i*P, *j*P, et achevez le carré *ijkl*. Ayant mené *a*P, *b*P, qui déterminent sur *kl* le côté *ef* parallèle et égal à *ab*, tracez, par le centre *o* du carré, *yy* parallèle à *ij* et *m*P parallèle à *jl*. Sur le prolongement de *m*P, construisez *mn'* égal à *am*, et joignez *n'a*, *n'b*, dont les prolongements détermineront, par leur rencontre avec *ik* et *jl*, les côtés *ac* et *bh*, et couperont la droite *xx* aux points *p* et *q*. Joignez *ep*, *fq*, qui, par leur intersection avec les côtés du carré *ik* et *jl*, donneront les deux derniers côtés *de* et *fy* de l'octogone.

La *fig.* 2 est le tracé géométral de l'opération qui précède.

210. — *Construire la perspective d'un octogone situé dans un plan vertical perpendiculaire au tableau, sans se servir de la figure originale.* P est le point de vue, et *abcd*, *fig.* 3, le carré dans lequel peut être inscrit l'octogone. Ayant tiré les diagonales *ad* et *bc*, et par le centre *o* les lignes *xy* et *vz* parallèles aux côtés du carré, menez, par le point *b*, une parallèle indéfinie à la ligne de terre sur laquelle vous porterez, de *b* en *m'*, la moitié *bm* de *ab*. Joignez les points *mm'*, et reportez la longueur *mm'* sur *ab* prolongée, de *m* en *f* et en *g*; tracez *g*P, *f*P, qui coupent les prolongements des diagonales aux points *h*, *i*, *k*, *l*. Vous obtiendrez ainsi le carré *hikl*, dont les côtés sont coupés par les droites *vz* et *xy* aux points *p*, *q*, *r*, *s*; joignez *sp*, *pr*, *rq*, *qs*, dont les intersections avec les côtés du carré *abcd* détermineront les perspectives des côtés de l'octogone.

TABLEAU XLVII. (Pl. 7.)

211. *Dessiner la perspective d'un carrelage composé d'octogones et de carrés.* P est le point de vue, $P\frac{D}{2}$ la moitié de la distance; la figure 1re est le tracé géométral d'une partie de la figure et des lignes d'opération, la figure 2e est le dessin perspectif, et la figure 3e l'échelle fuyante servant à la construction de la figure 2e. L'opération étant la même que celle employée dans le tableau XLIV, les lignes ponctuées suffisent pour indiquer la construction de cette perspective.

CHAPITRE IV.

Perspective des figures planes curvilignes situées dans des plans horizontaux ou verticaux.

TABLEAU XLVIII. (Pl. 7.)

212. — *Construire la perspective d'un cercle horizontal.* Ayant inscrit le cercle original dans le carré A B C D, *fig.* 1, menez les diagonales A D, BC, par le centre O, deux perpendiculaires qui déterminent, par leur rencontre avec les côtés du carré, les quatre points E, F, G, H de la circonférence, et par les points I, J, K, L, où les diagonales coupent la circonférence, les droites I K, l L prolongées jusqu'à ce qu'elles rencontrent les côtés A B et C D aux points M, M', N, N'. Les perspectives de ces différentes lignes détermineront la perspective du cercle. Pour cela, construisez le carré perspectif *abcd*, *fig.* 2, dans lequel vous tirerez les diagonales, et par le centre deux perpendiculaires, dont les rencontres avec les côtés du carré déterminent les perspectives *e*, *f*, *g*, *h* de quatre points de la circonférence. Portez sur la base *ab* les points M, N, *fig.* 1, en *m*, *n*, et menez au côté *ac* les parallèles *m*P, *n*P, dont les intersections avec les diagonales donneront les perspectives *i*, *j*, *k*, *l* de quatre autres points de la circonférence; la courbe passant par les huit points obtenus sera la perspective du cercle. Cette perspective est un ovale d'autant plus aplati que le cercle se rapproche davantage de la ligne de l'horizon, comme on peut le voir par la perspective du cercle *e'f'g'h'* (*fig.* 3), dont le centre est placé sur la même verticale que celui de cercle *efgh*, mais plus rapproché de la ligne d'horizon. Un cercle placé dans un plan horizontal passant par cette ligne même, a pour perspective une ligne droite. La construction que nous venons d'employer pour tracer la perspective d'un cercle exige toujours le tracé préalable de la figure originale, ce qui souvent contribue à embrouiller un dessin; la construction suivante, que nous allons appliquer à la perspective d'un cercle vertical, mais qui peut être employée dans le cas où le cercle est horizontal, offre l'avantage de donner directement, sans le secours d'aucune autre figure et avec plus de précision, la perspective du cercle.

213. — *Dessiner la perspective d'un cercle vertical.* P est le point de vue ou un point de fuite quelconque et *ef*, *fig.* 4, est le diamètre vertical du cercle. Commencez par construire le carré perspectif *abcd*, dans lequel vous tracerez les diagonales, et par le centre, la perpendiculaire *gh*. Inscrivez dans le carré un octogone comme il a été indiqué dans le tableau XLVI, *fig.* 3. Les intersections *e*, *f*, *g* et *h* des deux perpendiculaires par les côtés du carré, et celles *i*, *j*, *k* et *l* des quatre côtés obliques de l'octogone par les diagonales, donneront les huit points nécessaires pour tracer la courbe perspective du cercle.

Cette construction, dont le géométral est représenté *fig.* 5, offre cet avantage, indépendamment de celui cité plus haut, que les côtés de l'octogone devant être tangents au cercle perspectif aux points $c, j, h, l.... i$, servent à diriger d'une manière plus sûre le tracé à la main ou au pistolet des portions de courbe formant la perspective de la circonférence.

TABLEAU XLIX. (Pl. 8.)

214. — *Construire la perspective de deux cercles horizontaux concentriques.* P, *fig.* 2, est le point de vue, A B, *ab* sont les diamètres perspectifs des deux cercles, o, leur centre commun, et la figure 1, le tracé géométral de l'opération.

Ayant tracé (voir le tableau XLVIII) la perspective *acefbhg* du plus petit cercle, et celle *iklm* du carré circonscrit, construisez le carré perspectif I K L M, dont les côtés sont égaux au diamètre A B du plus grand cercle. Dans le cercle inscrit, joignez *ag* que vous prolongerez jusqu'à sa rencontre avec le côté *lm* du carré *iklm*, au point *n*. Menez le rayon *on*, dont le prolongement coupe le côté L M du carré I K L M au point N, et tirez N A parallèle à *na*; son intersection avec la diagonale K L vous donnera le point G. Menez par le point G une parallèle à LI, qui coupe la diagonale I M au point E, ainsi qu'une parallèle à L M, et, par le point H d'intersection de cette dernière avec la diagonale I M, une parallèle à G E, qui coupe la diagonale K L au point F, et tracez le diamètre C D perpendiculaire à A B : vous obtiendrez ainsi les points C, F, B, H.... E nécessaires pour tracer la courbe perspective du plus grand cercle.

TABLEAU L. (Pl. 8.)

215. — *Mettre en perspective deux demi-cercles concentriques verticaux.* P, *fig.* 2, est le point de vue ou tout autre point de fuite, A B, *ab* sont les diamètres perspectifs de deux cercles, *o* est leur centre commun, et la figure 1, le tracé géométral de l'opération. Ayant tracé le demi-cercle perspectif *acdeb* au moyen du demi-octogone *afghib*, inscrit dans le rectangle *aklb* (213), construisez le rectangle perspectif A K L B, dans lequel, les points K, L sont donnés par la rencontre des verticales élevées aux points A et B, avec les diagonales *ok*, *ol* prolongées; menez les rayons *of*, *og*, *od*, *oh*, *oi*, dont les prolongements coupent les côtés du rectangle A K L B, aux points F, G, D, H, I; joignez F G, H I, qui rencontrent *o*K et *o*L aux points C, E, et faites passer par les points A, C, D, E, B une courbe, qui sera la perspective du demi-cercle, dont A B est le diamètre.

TABLEAU LI. (Pl. 8.)

216. — *Diviser une circonférence perspective horizontale en un certain nombre de parties perspectivement égales.* P, *fig.* 1, est le point de vue, et *ab* le diamètre parallèle à la ligne de terre de la circonférence perspective tracée dans le plan objectif. Sur ce diamètre, décrivez une demi-circonférence géométrale que vous diviserez en parties égales, en cinq par exemple, et des points de division C, D, E, F, abaissez des verticales qui rencontrent *ab* aux points *c, d, e, f;* les perpendiculaires au tableau P*c.... Pf*, menées par ces points et prolongées en

deçà de *ab*, divisent chaque moitié de la circonférence, à partir du diamètre *ab*, en cinq parties perspectivement égales.

En menant par les points de division d', c', c''.... les rayons $d'o$, $c'o$, $c''o$.... la surface du cercle perspectif sera partagée en dix segments égaux.

217. — *Diviser une circonférence perspective horizontale en un certain nombre de parties perspectivement égales, mais en partant d'un point donné sur cette circonférence.* P, *fig.* 2', est le point de vue, *ab* le diamètre de la circonférence perspective tracée dans le plan objectif; c'' est le point à partir duquel il s'agit de diviser la circonférence en parties égales, en dix par exemple.

Ayant décrit sur le diamètre *ab* une circonférence de cercle, joignez c''P, et, par le point c' d'intersection avec *ab*, élevez une verticale qui coupe la circonférence géométrale au point C. Tirez alors le diamètre C H, divisez la demi-circonférence C E H en cinq parties égales, et construisez les perspectives, d'', c''.... h'', comme il a été indiqué dans la figure précédente. Pour avoir les divisions de la partie de la circonférence comprise de l'autre côté du diamètre $c''h''$, menez les rayons perspectifs $d''o$, $c''o$.... $g''o$, dont les prolongements détermineront sur la circonférence perspective les autres points de division d', c'.... g'.

218. — *Diviser une circonférence perspective horizontale en un certain nombre de parties égales, en partant d'un point donné sur la circonférence géométrale.* P, *fig.* 2, étant le point de vue, *ab* le diamètre de la circonférence perspective parallèle à la ligne de terre, décrivez sur *ab* une circonférence de cercle géométrale, et marquez sur cette circonférence, en prenant sa distance à une des extrémités du diamètre *ab*, le point C, à partir duquel doit être divisée la circonférence; construisez la perspective des points de division comme il a été indiqué précédemment.

TABLEAU LII. (Pl. 8.)

219. — *Diviser une demi-circonférence verticale, telle que le contour d'une arcade, en un certain nombre de parties égales.* P, *fig.* 1, est le point de vue ou tout autre point de fuite, *ab* est le rayon vertical de la demi-circonférence perspective, qui doit être divisée en neuf parties égales. Tracez au centre *a* une horizontale *ax*, sur laquelle vous décrirez, avec *ab* pour rayon, un quart de circonférence; divisez-le en cinq parties et demie, et, par les points de division C, D, E, F, G, menez des horizontales qui coupent *ab* aux points *d, e, f, g;* les perpendiculaires *d*P, *e*P, *f*P, *g*P, menées par ces points et prolongées en avant de *ab*, partagent la demi-circonférence en neuf parties égales, aux points *d'*, *d''*.... *g'*, *g''*.

220. — *Tracer les joints d'appareil à l'extérieur d'une arcade fuyante, fig.* 1. Les pierres qui forment l'appareil extérieur d'une arcade, et que l'on appelle *voussoirs*, ont leurs joints dirigés au centre de l'arc, et viennent se raccorder avec d'autres pierres nommées *assises*, dont les joints sont horizontaux. Pour avoir la perspective de cet appareil, tracez à égale distance des lignes horizontales, telles que *yy*, qui seront les joints des assises, et prolongez les rayons perspectifs *ae'*,

ae'' jusqu'à leur rencontre avec les droites yy aux points i' i''. Quelquefois on élève par ces points des joints verticaux i' i', $l'l'$; d'autres fois on trace ces joints à une certaine distance des points de rencontre, comme les joints $j''j''$, $k''k''$, de manière à former *crossettes*.

221. — *Tracer la perspective de demi-cercles verticaux contigus, vus en suite.* P, *fig.* 2, est le point de vue ou un point de fuite quelconque, $abcde$ est un demi-cercle vertical perspectif dans le prolongement duquel doivent être placés les demi-cercles suivants; $agfe$ est le rectangle où il est inscrit; hi, kl sont deux des côtés de l'octogone qui ont servi à déterminer les points b et d, et dont les prolongements coupent la verticale ox, élevée par le centre o, au point m. Sur le prolongement de ae, construisez les rectangles $efg'a'$, $a'g'f'e'$, perspectivement égaux au rectangle $agfe$, et par leurs centres élevez les verticales $o'c'$, $o''c''$. Menez mP et hP parallèles à aP, dont la première coupe les prolongements de $o'c'$, $o''c''$ aux points m', m'', et dont la seconde rencontre les côtés verticaux des rectangles aux points l', l''. Joignez lm', $m'l'$, $l'm''$, $m''l''$ dont les intersections avec bP donneront les points b', d', b'', d'', par lesquels, et par les points e, a', e', c', c'', devront passer les perspectives des demi-cercles fuyants.

TABLEAU LIII. (PL. 8.)

222. — *Tracer la perspective d'une ogive fuyante.* P est le point de vue, P$\frac{D}{2}$ la moitié de la distance principale, E A E' l'ogive vue de front, F G l'intersection du plan parallèle au tableau et du plan fuyant perpendiculaire, et G E la distance des deux ogives à l'arête F G.

Ayant construit le carré G E'$e'e$, prenez sur une des branches de l'ogive un certain nombre de points A, B, C, D, et abaissez de ces points des verticales qui coupent E E' aux points a, b, c, d. Reportez de l'autre côté du point a aux points b^2, c^2, d^2 les distances ab, bc, cd, et sur F G en A', B', C', D' les hauteurs des verticales Aa, Bb.... Dd; construisez alors sur le côté Ge les perspectives E'', d''.... d''^2 des points E, d, e.... d^2 de la vue de front (169), et par chacun de ces points élevez une verticale; menant A'P, B'P.... D'P, l'intersection de ces parallèles et des verticales donnera les points a', b', b'^2, d', d'^2, par lesquels devront passer les courbes perspectives des arcs qui forment l'ogive.

TABLEAU LIV. (PL. 8.)

223. — *Tracer la perspective d'une suite de cintres en impériale, éloignés entre eux d'une égale distance.* P, *fig.* 1, est le point de vue ou un point de fuite quelconque, eae^2 est la perspective du cintre dans le prolongement duquel doivent se trouver les perspectives des cintres suivants, e^2e' est la distance à ménager entre deux cintres consécutifs. La figure 2 est le tracé géométral à moitié de l'échelle des cintres et des lignes qui servent à la construction de la perspective.

Ayant tracé le rectangle eff^2e^2, dans lequel se trouve inscrit le cintre en impériale perspectif, ainsi que le rectangle $e^2f^2f'e'$, et élevé par le centre de ce dernier la verticale indéfinie xy, tirez les diagonales e^2f et ef^2, qui, prolongées, coupent xy aux points g et h, et joignez hf' et ge'. L'intersection des prolongements de ces dernières droites par les parallèles hP, fP, eP, gP, vous donnera: 1° le rectangle $e'f'f'^2e'^2$ égal perspectivement au rectangle eff^2e^2; 2° la verticale $h'g'$ qui passe par le centre du rectangle égal au rectangle $e^2f^2e'f'$. Tirez maintenant par le milieu k de ef l'horizontale kP, et par le centre du premier rectangle la verticale oa; joignez ok et ok^2, qui coupent le cintre eae^2 aux points c et c^2, et par ces points, ainsi que par les points b et b^2, où les courbes sont coupées par les diagonales, menez cP, bP. Tirant dans le rectangle $e'f'e'^2f'^2$ les lignes correspondantes $a'o'$, $k'o'$, k'^2o', on obtiendra par leur intersection et par celle des diagonales avec les différentes lignes horizontales fuyantes, les points c', c'^2, b', b'^2, par lesquels devra passer la courbe perspective du deuxième cintre. On construira par une suite d'opérations semblables tous les cintres perspectifs que l'on aura à représenter.

224. — Connaissant les moyens d'obtenir les apparences perspectives des cercles, des ogives et des cintres en impériale, il sera facile d'employer ces mêmes moyens pour obtenir les perspectives de courbes quelconques, puisqu'il ne s'agit, en définitive, que de construire la perspective de quelques points donnés par l'intersection de lignes déterminées.

CHAPITRE V.

Perspective des plans inclinés et des lignes et figures qui s'y trouvent comprises.

TABLEAU LV. (PL. 8.)

225. — *Construire la perspective d'une ligne droite dont la projection est une ligne perpendiculaire au tableau, et qui forme avec le plan horizontal un angle donné.* P, *fig.* 1, est le point de vue, D le point de distance, A B est l'arête supérieure et horizontale d'un mur perpendiculaire au tableau. Il s'agit de tracer la perspective de l'arête en continuation de Ab, mais en lui donnant une inclinaison en contre-bas, parallèle à la pente du terrain. Construisez au point D un angle P Dx égal à l'angle d'inclinaison du terrain, et prolongez le côté Dx jusqu'à sa rencontre avec la ligne centrale au point —P. Ce point sera le point évanouissant, où devra se diriger la droite bc, perspective de l'arête descendante du mur.

226. — *Construire la perspective d'une rampe ascendante dont l'inclinaison avec le plan horizontal est donnée.* P, *fig.* 2, est le point de vue, D² est le point de distance, ab la base de la rampe, et xy la ligne de crête.

Faites au point D² un angle P D²y égal à l'angle d'inclinaison, et prolongez le côté D²y jusqu'à sa rencontre avec la ligne centrale; le point d'intersection $+$P

sera le point de concours *aérien* des perspectives de toutes les droites parallèles à
D'y. Joignez $a+P$, $b+P$, qui seront les côtés perspectifs de la rampe, et détermineront en cd la largeur perspective de la crête.

227. — *Étant donnée la perspective d'une ligne verticale placée sur le plan ho-*
rizontal, construire la perspective d'une ligne verticale de même grandeur, élevée
par un point d'une rampe perspective. ef, fig. 2, est la hauteur d'un personnage
placé sur le plan horizontal. Il s'agit de trouver quelle sera la hauteur perspective
de ce personnage, si on le place sur un point de la droite mn, située sur la rampe
abcd.

Ayant mené eP qui coupe ab au point e°, construisez la verticale e°f° égale
perspectivement à ef; joignez $f°+P$ et $e°+P$ qui coupe mn au point e', et élevez par ce point la verticale e'z. Son intersection avec $f°+P$, déterminera la grandeur e'f' du personnage placé en un point quelconque de la droite mn.

TABLEAU LVI. (PL. 8.)

228. — *Construire dans un plan incliné, dont la base est parallèle à la ligne de*
terre, les perspectives de lignes perpendiculaires à cette base, ou faisant avec elle
un angle de 45°. P, fig. 1, est le point de vue, D le point de distance, et la base
du plan incliné se trouve par hypothèse sur la ligne de terre.

Faites au point D, fig. 1, un angle PDn égal à l'angle que forme avec le plan
horizontal le plan incliné; prolongez Dn jusqu'à sa rencontre avec la ligne centrale
au point $+P$, et menez par ce point $+x+y$ parallèle à la ligne d'horizon. Cette
ligne, que nous avons appelée plus haut *horizon rationnel* (133) contient les points de
concours de toutes les droites situées dans le plan incliné, et dans tout autre plan
parallèle. C'est la ligne de fuite de tous les plans parallèles au plan donné, comme
la ligne d'horizon est la ligne de fuite de tous les plans horizontaux. Son intersection $+P$ par la ligne centrale donne le *point de vue rationnel*, ou point de concours de toutes les droites perpendiculaires à la base du plan incliné; quant au
point de concours des lignes à 45° ou *point de distance rationnel*, on l'obtiendra
en portant sur $+x+y$, de $+P$ en $+D$, la longueur de la droite $+PD$, qui
n'est autre que le rayon central situé dans le plan incliné et rabattu dans le tableau. Ainsi, $a+P$, $b+P$, $a+D$, $b+D$, seront les perspectives de droites
perpendiculaires et à 45°.

229. — *Construire la perspective d'un point situé dans un plan incliné.* $+P$,
fig. 1, est le point de vue rationnel, $+D$ le point de distance, Cz est la distance
du point donné au plan central, et Cc', situé sur la base du plan incliné, la
distance à cette même base. Joignez $C+P$ et $c'+D$; le point d'intersection c sera
la perspective cherchée. Si on ne pouvait employer la distance $+P+D$ entière,
on se servirait d'une fraction de cette distance, absolument de la même manière
que si le point se trouvait dans un plan horizontal.

230. — *Construire la perspective d'un carré dont le plan est incliné sur le plan*

horizontal, *et dont deux des côtés sont parallèles au tableau.* Supposons que le
plan du carré soit parallèle au plan incliné dont nous nous sommes servis dans la
figure précédente, et que la distance principale ainsi que le point de vue restent
les mêmes. On obtiendra la perspective du carré A B C D, comme on l'a indiqué
pour le carré horizontal (168) en employant les points $+P+D$ ou $+\frac{D}{2}$ au lieu
des points P, D et $\frac{D}{2}$.

TABLEAU LVII. (PL. 9.)

231. — *Construire dans un plan incliné dont la base est parallèle à la ligne de*
terre, la perspective d'un angle donné, dont un des côtés est parallèle à cette même
base. P est le point de vue, D le point de distance, $-x-y$ l'horizon rationnel du plan incliné en contre-bas de l'horizon, $-P$ le point de vue rationnel
de ce plan, ab, fig. 1, le côté de l'angle parallèle à sa base, et b le sommet.
Tirez $-PD$, et portez sur la ligne centrale la distance $-PD$ de $-P$ en $-P'$; faites
au point $-P'$, avec une horizontale parallèle à la ligne de terre, un angle $m-P'n$
égal à l'angle donné; prolongez le côté $-P'n$ jusqu'à sa rencontre avec l'horizon
rationnel au point $-F$, et tirez $b-F$, qui forme avec ab l'angle donné. Si le
cadre du tableau ne permet point d'opérer avec la distance entière, servez-vous
d'une fraction de cette distance, telle que la moitié, que vous porterez sur la ligne
centrale en $\frac{-P'}{2}$, comme on l'a indiqué pour une droite comprise dans le plan horizontal (161); vous obtiendrez ainsi l'angle perspectif $\frac{b-F}{2}$, et il suffira, par le
point b, de mener bs parallèle à $\frac{b-F}{2}$ pour avoir également l'angle perspectif.

232. — *Construire dans le même plan incliné la perspective d'un parallélo-*
gramme, dont deux des côtés sont parallèles à la base du plan incliné. cd, fig. 2, est
la base du parallélogramme, et de sa hauteur. Ayant joint $D-P$, qui est la distance
principale mesurée dans le plan incliné, reportez-la sur $-x-y$ de $-P$ en $-D$.
Vous obtiendrez ainsi, au point $-D$, le point de distance rationnel, et vous n'aurez plus qu'à construire le parallélogramme cdfg, comme dans le tableau XXII.

TABLEAU LVIII. (PL. 9.)

233. — On a représenté, dans ce tableau, la perspective d'une route d'abord
horizontale, ensuite descendant, puis montant, et descendant de nouveau. Cette
route est bordée de chaque côté par une rangée d'arbres d'égale hauteur, et placés
à des intervalles égaux mesurés suivant les lignes de rampe. Ce qui précède doit
suffire pour exécuter, d'après les seules lignes d'opération indiquées sur la figure,
le tracé de cette perspective, qui n'est qu'une application des articles précédents.

TABLEAU LIX. (PL. 9.)

234. — *Construire la perspective d'un compartiment composé de carrés et in-*

cliné sur le plan horizontal. P est le point de vue, $P\frac{D}{2}$ est la moitié de la distance principale, AB est la base du plan incliné parallèle à la ligne de terre. Faites au point $\frac{D}{2}$ l'angle $P\frac{D}{2}n$ égal à celui formé par le plan incliné avec le plan horizontal. Prolongez le côté $\frac{D}{2}n$ jusqu'à sa rencontre avec la ligne centrale au point $+\frac{P}{2}$, tirez $+\frac{x}{2}+\frac{y}{2}$, et reportez sur cette droite du point $+\frac{P}{2}$ au point $+\frac{D}{2}$ la grandeur de $+\frac{P.D}{2}$. Cela fait, portez sur AB, aux points C, D....G, la grandeur des côtés des carrés qui forment le compartiment; menez BP que vous diviserez dans le même rapport que la distance, c'est-à-dire en deux parties égales, au point $\frac{B}{2}$; joignez $\frac{B}{2}+\frac{P}{2}$, et menez-lui la parallèle Bz, sur laquelle devront se trouver les côtés des carrés, formant la première rangée à droite. Ayant tiré GP, FP.... AP, cherchez la profondeur Bb du premier carré (230), et menez bs parallèle à AB. Du point b abaissez aussi une verticale sur BP, et par le point d'intersection b', menez une autre parallèle b's', qui coupe les droites GP, FP....AP aux points g', f'....a'. Élevant par ces points des verticales, leur intersection avec bs donnera les points g, f.... a par lesquels devront passer les droites Gz, Fz....Az parallèles à Bz, et qui détermineront les carrés perspectifs BGbg....ACac de la première rangée parallèle à la base du plan incliné. On peut obtenir les rangées suivantes, comme dans le tableau XX, ou en se servant d'une échelle perspective MNO, dont la construction et l'emploi sont les mêmes que si elle était tracée dans un plan horizontal. On a continué en avant du plan incliné, et dans le plan horizontal, le compartiment de carrés, de manière à mieux faire sentir l'angle formé par les deux plans.

TABLEAU LX. (Pl. 9.)

255. — *Construire la perspective d'un carré situé dans un plan incliné et dont les côtés sont dirigés à des points accidentels aériens placés hors du tableau.* P est le point de vue, PD la distance principale, $+x+y$ l'horizon rationnel du plan incliné, $+P$ le point de vue rationnel, et ab la perspective de l'un des côtés du carré les plus rapprochés du tableau.

Cherchez le point de distance rationnel $+D$ (228), et construisez le carré perspectif abcd, au moyen du carré $\frac{abcd}{2}$ fait sur le milieu de $a+P$, comme il a été pratiqué dans le tableau XXV.

Inscrire dans le carré perspectif abcd un carré dont les diagonales soient perpendiculaires à ses côtés. Divisez chacun des côtés ab, ac en deux parties égales aux points f et g (107), tirez, par le centre du carré, fe et ge, dont les prolongements coupent les côtés bd et cd aux points h, k, et joignez fg, gh, hk, kf, qui seront les côtés du carré perspectif demandé.

TABLEAU LXI. (Pl. 9.)

256. — *Construire la perspective d'un rectangle incliné sur le plan horizontal, et dont la base est oblique à la ligne de terre.* P est le point de vue, PP', la distance principale reportée sur la ligne centrale, AF la direction de la base du rectangle, AB sa longueur, AC sa hauteur et CAm l'angle de son inclinaison.

Construisez sur AF, Ab égal à AB (165), menez à Ab, par les points A et b les perpendiculaires AF², bF² (163), et ayant abaissé, du point C sur Am, la verticale CD, reportez la grandeur AD sur AF² et bF, aux points d' et e', par lesquels vous élèverez les verticales indéfinies d's, e't.

Faites alors sur F²P' au point P', l'angle F²P'n égal à l'angle CAm, et ayant élevé par F², une perpendiculaire à F²P', prolongez le côté de l'angle P'n jusqu'à leur commune intersection. Cette intersection se trouvant hors du cadre, partagez F²P' en deux parties égales au point $\frac{F^2}{2}$, par lequel vous élèverez une perpendiculaire qui coupe P'n au point $\frac{+F^2}{2}$; portez la hauteur $\frac{F^2+F^2}{2}$ en $\frac{+F^2}{2}$ sur la verticale élevée au point F²; divisez AF² en deux parties égales au point $\frac{A}{2}$, et tirez $\frac{A}{2}+\frac{F^2}{2}$. Menant par le point A une parallèle à cette droite, son intersection avec d's, au point d, donnera le côté perspectif Ad. Menant dF qui rencontre e't au point e, et joignant cb, vous achèverez la perspective Abde du rectangle donné.

CHAPITRE VI.

Perspective des corps solides.

SECTION 1re. — *Prismes.*

§ I. — Constructions générales.

TABLEAU LXII. (Pl. 9.)

237. — *Construire la perspective d'un prisme droit triangulaire, fig. 1, dont la base est verticale et parallèle au tableau.* P est le point de vue et ABC, fig. 1, la base du prisme. Menez les parallèles AP, BP, CP perpendiculaires à la base; portez sur une des parallèles AP, la hauteur perspective Aa du prisme, et construisez les rectangles perspectifs Aa Bb, Aa Cc, qui complètent avec le triangle ABC la partie visible du prisme. Le rectangle Cc Bb et le triangle abc, que l'on obtient en joignant bc, ne peuvent être vus du spectateur, à moins que le corps ne soit transparent. Les droites C B, B*b*, *ba*, *ac*, *c*C forment ce qu'on appelle le *contour apparent* ou *silhouette* du solide.

258. — *Construire la perspective d'un parallélipipède droit, dont la base est horizontale.* A B C D, *fig.* 2, étant la base inférieure du parallélipipède, construisez les rectangles AB*ab*....AC*ac*, dont les côtés verticaux sont égaux à la hauteur du prisme; vous obtiendrez ainsi les arêtes A*a*.... C*c*, et les côtés *ab*.... *ca* de la base supérieure. On doit remarquer, comme conséquence de ce que nous avons dit plus haut (151), que la face fuyante, la plus rapprochée de la ligne centrale, est plus étroite que la face fuyante parallèle. La verticale E*c*, qui passe par les points d'intersection des diagonales tirées dans chacune des bases, est l'axe du parallélipipède. La droite E' e^2, élevée parallèlement aux arêtes par le point E' d'intersection d'un des côtés fuyants de la base et d'une parallèle à A B, menée par le pied de l'axe, divise la face fuyante en deux parties égales.

259. — *Construire la perspective d'un prisme droit hexagonal.* L'hexagone perspectif A B C D E F, *fig.* 3, est la base inférieure du prisme. Élevez l'arête verticale A*a* égale à la hauteur du prisme, et joignez AP et *a*P. Tracez dans le plan les droites BF, C E perpendiculaires à AP, et par les points $b^{2\prime}$ et $c^{2\prime}$ d'intersection de ces perpendiculaires et de A P, et par le point D, élevez les verticales $b^{\prime 2}\,b^2$, $c^{\prime 2}\,c^2$, D*d*. Tracez B*b* et F*f* égales à $b^{\prime 2}\,b^2$, C*c*, E*e* égales à $c^{\prime 2}\,c^2$, et joignez *ab*, *bc*.... *fa* qui seront les côtés de la base supérieure du prisme.

Les trois constructions précédentes suffisent pour montrer comment on doit opérer pour tracer la perspective d'un prisme. En général tout se borne à construire sur les côtés de la base, des rectangles, dont deux des côtés sont parallèles à l'axe du prisme, ou à une de ses arêtes.

§ II. — Exercices sur la perspective des prismes et des lignes comprises
à leurs surfaces.

TABLEAU LXIII. (Pl. 10.)

240. — La figure 1re représente un piédestal composé d'un dé posant sur un socle, et surmonté d'un bandeau. Le dé, le socle et le bandeau sont trois parallélipipèdes à base carrée, qui n'ont qu'un axe commun *oo′*; *abc*.... *lm* est le profil ou tracé géométral des trois parallélipipèdes faits sur la droite *fg*, passant par le point *o′*. Cette figure est une application du tableau précédent, et de la figure 1re du tableau XXIX.

241. — *Pour trouver, fig.* 2, *la perspective des saillies d'angle de plusieurs bandeaux à faces verticales, sur les arêtes d'un parallélipipède rectangle, ef* étant une des arêtes de ce parallélipipède, portez sur *ef* le profil *gabcde* des deux bandeaux; par le point *m*, pris sur *ef*, menez une horizontale parallèle à *ag*, et des points *b*, *d* abaissez des verticales qui la rencontrent en *b′*, *d′*.

Ayant mené par le point *m* une ligne *mx* à 45°, tirez les droites *b′*P, *d′*P, et par

les points d'intersection $b^{\prime 2}$, $d^{\prime 2}$, élevez des verticales qui, par leur rencontre avec les parallèles *a*P, *b*P..., *e*P, donneront le profil d'angle $a^2b^2c^2d^2$ des bandeaux.

TABLEAU LXIV. (Pl. 10.)

242. — On a représenté sur ce tableau la vue de front d'une fontaine dont l'eau coule dans un bassin rectangulaire appelé auge. Le plan de cette fontaine est tracé, *fig.* 1; *abcd* est le bassin rectangulaire; à distance égale des côtés *ab* et *cd*, est adossé au côté *cd* le corps de la fontaine, composé d'un socle qui a pour base le rectangle *efgh*, et d'un dé qui a pour base le rectangle semblable *ijkl*. Ces deux parallélipipèdes n'ont qu'un axe commun, de manière à ce que, sur les quatre faces, le socle dépasse le dé d'une quantité égale.

Cette perspective est tracée avec la moitié de la distance. Les dimensions de la figure perspective, prises dans le plan passant par la ligne *ab*, sont quadruples de celles de la figure 1re. Les lignes d'opération tracées dans la figure perspective, et la concordance de ses lettres avec celles du plan, doivent suffire pour l'exécution de ce dessin.

TABLEAU LXV. (Pl. 10.)

243. — Ici c'est une cheminée, dont il s'agit de représenter le profil en vue de front, et la face en vue de fuite. Pour obtenir cette perspective, on construit, au moyen de la demi-distance :

1°. Le parallélipipède AB, dont les dimensions mesurées sur la ligne de profil *mn*, passant par le milieu de l'espace que doit occuper la cheminée, sont : la hauteur *cb*, la profondeur *ca*, et la longueur le double de *dc*;

2°. Le parallélipipède CD formant le vide du chambranle, dont la hauteur est *ci*, la profondeur *ca*, et la longueur le double de *cg*;

3°. Le parallélipipède EF que l'on nomme tablette, et qui forme couronnement.

hjkl est le foyer de la cheminée : c'est une dalle en pierre ou en marbre.

TABLEAU LXVI. (Pl. 10.)

244. — Application des tableaux XXVIII et LXII, *fig.* 2, à la perspective d'une suite de piliers carrés également espacés entre eux, et dont l'axe tend à un point accidentel. Les piliers sont surmontés d'une plate-bande horizontale nommée *architrave*.

TABLEAU LXVII. (Pl. 10.)

245. — La perspective tracée dans ce tableau, et qui offre les apparences de plusieurs cubes placés à distance égale autour d'un cercle, s'exécute au moyen des deux figures séparées, 2 et 3.

La figure 2 est un quart du plan géométral; A′ E′ est le rayon du plus grand cercle égal au rayon perspectif A E, *fig.* 1, M′, N′, O′ sont les bases des cubes dont deux des côtés sont parallèles au rayon passant par le centre, et dont les deux autres sont tangents aux cercles intérieur et extérieur. Des points a', b', c', d' du cube N', abaissez sur A'E' les perpendiculaires $a'a''$, $b'b''$, $d'd''$, et prolongez le côté $a'c'$ jusqu'à sa rencontre en F' avec A'E'.

Construisez alors dans le plan objectif, *fig.* 1, le rectangle $vxyz$, dans lequel xy est double de AE; tracez les diagonales Ax et Ay, et faites un autre rectangle $rstu$, dont le côté rs est égal au rayon du cercle intérieur A'K', *fig.* 2; portez de chaque côté du point A aux points I et I² la moitié du côté des carrés prise sur le plan géométral, et menez par ces points des perpendiculaires à AE, dont l'intersection avec les côtés des rectangles $rstu$, $vxyz$ déterminent les côtés des carrés perspectifs ij, $i^2 j^2$, bases des cubes O. La base du cube M se déterminera en reportant les points i, i^2, j, j^2 sur les côtés contigus des deux rectangles, à distance égale de leurs points d'intersection x, y et s, t. Pour avoir les bases perspectives des cubes N, reportez sur AE les points a'', b'', d'', *fig.* 2, en a^2, b^2, d^2, par lesquels vous mènerez des perpendiculaires à AE. Par les points o, intersections de la perpendiculaire b^2P, et des diagonales Ax et Ay, menez à AE les parallèles ad, comprises entre les droites a^2P et b^2P; portez de chaque côté du point A la grandeur A'F', *fig.* 2, aux points F et F², et tirez F²d, Fa, qui couperont b^2P prolongée aux points b et c, et joignez ab, cd, bd, de, ac, qui seront les côtés des carrés perspectifs servant de bases aux cubes N.

L'autre moitié du plan perspectif se construira absolument de la même manière; et les différentes hauteurs perspectives des arêtes des cubes, se prendront sur l'échelle verticale perspective tracée *fig.* 3.

TABLEAU LXVIII. (Pl. 11.)

246. — *Pour construire la perspective d'un comble à deux égouts, placé sur un bâtiment rectangulaire* ABCDEFGH *vu de front,* élevez par le milieu de chacune des faces fuyantes les verticales mx, $m'x^2$; portez en S et S' la hauteur que vous voulez donner au sommet de votre comble, mesurée au-dessus de FG; menez SS', qui sera le *faîtage*, et les droites ES', ES, GS, qui seront les lignes de pente du comble. Dans ce comble, qui a la forme d'un prisme triangulaire, les deux bases du prisme se nomment *pignons*.

247. — *Pour construire dans un toit des perspectives de lignes parallèles aux lignes de pentes,* telles que des joints de couvertures en zinc, etc., divisez la droite EF, ou égout, en parties égales aux points 1, 2, 3, 4, et menez 1P, 2P.... 4P; par le point m', où mS rencontre FG; tirez $m'm'^2$ parallèle à EF; et par chacun des points 1", 2".... 4" d'intersection de cette parallèle et des perpendiculaires 1P, 2P.... 4P, élevez des verticales qui rencontreront la ligne de faîtage en 1', 2'.... 4'; joignez 11', 22'.... 44', qui seront parallèles à FS ou ES'.

248. — *Pour trouver les perspectives de deux croisées placées dans le milieu de la face fuyante d'un bâtiment rectangulaire à base carrée, et dont les dimensions sont égales à celles placées dans le milieu de la face parallèle au tableau,* prolongez les droites ef, gh, ab, cd jusqu'à l'arête BF, et par les points d'intersection f, h^2, b^2, d^2 menez f^2P.... d^2P; joignez ya, hb, et tirez les diagonales BE, AF qui les coupent aux points i, j. Menez ij, dont le prolongement coupe BF au point i^2; tirez également dans la face fuyante les diagonales BG, CF, et menez i^2P, b^2P, dont les intersections i^2, j^2, d, b, avec les diagonales, donneront $i'j'$, $a'b'$ égale à ij. Il suffira de mener par ces points des verticales dont les rencontres avec les horizontales f^2P, d^2P détermineront les perspectives $a'b'c'd'$, $e'f'g'h'$ des croisées comprises dans la face fuyante.

249. — *Pour construire sur le prolongement de la face fuyante d'un pavillon, un pavillon semblable,* par le point B² correspondant au point B, élevez la verticale B²F² égale à l'arête BF; tirez les diagonales GB², CF², et par le point d'intersection k, menez F²k dont le prolongement coupe BP au point C²; B²C² sera la largeur de la face fuyante du deuxième pavillon. La figure indique suffisamment, par les lignes d'opérations qui y sont tracées, comment doit être déterminée la perspective des autres lignes.

TABLEAU LXIX. (Pl. 11.)

250. — La figure 1 est le tracé géométral du profil d'un escalier dans lequel la largeur ou giron Bb' des marches est le double de la hauteur ou contre-marche. Construisez le triangle rectangle AGf, qui a pour hauteur Gf, élévation de l'escalier, et pour base AG double de Gf. Prenez sur AF, égal à Gf', les hauteurs égales des marches aux points B, C.... F, et menez par chacun de ces points une parallèle à AG. Ces parallèles coupent la ligne de rampe Af' aux points b', c', d''.... f' par lesquels vous élèverez, entre les parallèles, les verticales $b'c$, $c'd$.... $e'f$, qui seront les contre-marches et détermineront les girons Bb', cc'.... ff'. Pour que le tracé soit exact, il faut que les points B, c...., f se trouvent tous sur une autre ligne de rampe Bf, parallèle à Af'.

La figure 2 est l'application de ce tracé à la perspective d'un escalier droit, vu de front, compris entre deux murs parallèles. Construisez, au moyen de la perspective de lignes semblables à celles tracées sur la figure géométrale, le profil AB$b'c$.... $h'h'$; faites le triangle A²G²h'^2 égal au triangle AGh', et, par les points A, B, b', c....h, h', menez des horizontales parallèles au tableau. Leur intersection successive avec A²h'^2, aux points b'^2, c^2, d'^2, h'^2, et avec les verticales élevées par ces points, donnera, sur le mur opposé, le profil perspectif. Les droites BB', $b'b'^2$, cc^2.... $h'h'^2$ seront les arêtes des marches. On aperçoit ici le giron dans toutes les marches, parce que le point de vue P est placé plus haut que la dernière. Mais, si l'escalier s'élevait au-dessus de la hauteur de l'horizon, on n'apercevrait plus que les contre-marches, et même celles-ci seraient en partie cachées par les arêtes des marches inférieures.

TABLEAU LXX. (Pl. 11.)

251. — *Pour construire la perspective d'une noue, ou ligne de rencontre des toits de deux bâtiments M et N, qui se coupent à angle droit*, ayant tracé les lignes de pente A B, C D des deux pignons, tracez les lignes de faîtage Ax, Cy, et les droites Bv, Dz parallèles aux deux premières, qui se coupent deux à deux aux points E, F ; joignez E F, qui sera la perspective de la noue.

252. — *Pour construire la perspective de la partie latérale ou jouée d'une lucarne L vue de front*, menez par le point a de l'arête ab une ligne am perspectivement parallèle à la ligne de pente CD (247), et par le point b une perpendiculaire bP qui coupe am au point f; joignez af qui, avec bf, déterminera la perspective baf de la jouée.

253. — *Pour construire la perspective d'une lucarne O, semblable à la lucarne L, mais dont le pignon est vu en fuite*, prolongez dans la lucarne L la ligne ac jusqu'à ce qu'elle rencontre EF au point a', et menez $a'z'$ parallèle à BF. Ayant porté sur $a'z'$, à partir d'un point a', une grandeur perspective $a'c'$ égale à ac, et en ayant trouvé le milieu h', élevez au point a' une verticale, sur laquelle vous porterez les hauteurs cd et he, aux points d' et e'. Menez par ces points des parallèles à BF ; leurs intersections avec les verticales élevées aux points a', c' et h', détermineront la perspective $a'c'd'h'e'$ de la face fuyante du pignon. Pour avoir la jouée, construisez le triangle $a'b'f'$, dans lequel $a'f'$ est une parallèle à A B, et $b'f'$ une parallèle à la ligne de terre; menez également par h' une ligne de pente, et par e' une parallèle à $b'f'$ qui la coupe en k'; et tirez $e'k'$, qui achèvera la perspective de la partie visible dans le comble de la lucarne.

254. — *Pour construire la perspective d'une porte entr'ouverte*, portez sur la ligne centrale au point $\frac{\mathrm{P}'}{3}$ la distance principale ou une fraction de la distance principale, et construisez l'angle $m\frac{\mathrm{P}'}{3}n$ dans lequel $\frac{\mathrm{P}'}{3}m$ représente la direction de la baie, et $\frac{\mathrm{P}'}{3}n$ celle de la porte entr'ouverte. Construisez au point o l'angle perspectif lor égal à l'angle $m\frac{\mathrm{P}'}{3}n$ (160), et portez sur or en og la largeur lo de la porte (165); ayant ainsi la largeur perspective de la porte et un de ses côtés verticaux oo', construisez les deux autres côtés, en vous conformant à ce qui est indiqué pour la construction du carré, dans l'article 19 4.

TABLEAU LXXI. (Pl. 11.)

255. — *Pour construire, sur la face oblique d'une tour hexagonale, un cintre perspectif tracé en géométral sur une des faces parallèles au tableau*, inscrivez la moitié du cintre géométral A B C dans le carré A E C D, et tirez la diagonale E D dont le prolongement rencontre en F l'arête G H contiguë au côté oblique de la tour; prolongez également A D, E C, et menez l'horizontale Bx; ces différentes droites coupent G H aux points a', b' et c'. Construisez alors l'échelle verticale M F' P, et tracez, au moyen de cette échelle, dans le plan oblique de la tour (199), les horizontales F F³, $a'a^3$, $b'b^3$ et $c'c^3$. Par le milieu de G G³, élevez la verticale mn, et par son point d'intersection e' avec $c'c^3$, menez les droites e'F, e'F³; les rencontres de ces deux droites et de mn par $a'a^3$, $b'b^3$ donneront le diamètre $c'c''$, le rayon vertical $a'e'$, et les points $b'b''$, par lesquels et les points a', c' et c'', devra passer la courbe perspective du cintre.

256. — *Pour avoir les saillies perspectives d'un bandeau sur les faces d'une tour hexagonale*, il suffit de remarquer que les sommets des angles de l'hexagone $ikhl$, formant l'arête saillante du bandeau, se trouvent sur le prolongement des droites tirées des sommets des angles de l'hexagone I K H L au point de centre O.

TABLEAU LXXII. (Pl. 11.)

257. — Dans ce tableau, on a représenté un escalier, qui change de direction à angle droit, et qui se présente sous une vue oblique. P est le point de vue, P$\frac{\mathrm{P}'}{3}$ est le tiers de la distance principale reportée sur la ligne centrale; $m\frac{\mathrm{P}'}{3}n$ est l'angle formé par le tableau et une parallèle aux arêtes horizontales des marches de la première partie de l'escalier. On construit d'abord le prisme triangulaire A B C D E F, dans lequel les droites A E, C F sont les lignes de rampe servant au tracé des arêtes des marches, ensuite le parallélipipède D B E F I J, dont la base est un carré, et qui forme ce qu'on appelle le palier de repos. L'autre partie de l'escalier, en retour d'équerre, se compose d'un parallélipipède dont la base est égale à la face horizontale A B C D du premier prisme triangulaire, et d'un second prisme tout à fait égal à celui-ci. Les hauteurs des arêtes verticales de ces différents prismes se prennent sur l'échelle perspective E F G ; quant au tracé perspectif des marches, ce qui a été expliqué dans le tableau LXIX, et les lignes d'opération tracées sur la figure, suffisent pour en opérer la construction.

TABLEAUX LXXIII, LXXIV et LXXV. (Pl. 12.)

Ces trois tableaux ne contiennent que des applications de ce qui a été vu précédemment.

258. — Dans le premier tableau, on a représenté une chambre dont le plancher haut, non plafonné, laisse voir les poutres et les solives; le plancher bas est pavé en dalles carrées; çà et là sont posés différents meubles. Au fond on aperçoit un escalier qui monte à l'étage supérieur.

259. — Le second tableau est la vue perspective d'un hangar, composé de trois formes de charpentes placées à égale distance.

260. — Le troisième tableau, qui est d'une exécution plus difficile, offre la vue sur l'angle d'un bâtiment rectangulaire dont les lignes horizontales concourent à des points placés hors du tableau. Ce bâtiment est couvert d'un comble à deux égouts. Sur le milieu d'une des faces du pignon se trouve une porte et un jour circulaire ; dans la face latérale sont pratiquées des croisées placées à égale distance. MNF est l'échelle horizontale perspective, qui sert à obtenir la profondeur perspective de la face du pignon, ainsi que celle de la porte et du jour circulaire, en portant sur la base MN, à moitié de l'échelle prise sur la droite xy, les dimensions de ces différentes parties. Les hauteurs correspondantes sont prises sur l'échelle verticale MFG. La perspective de la partie latérale et des croisées a été construite au moyen des échelles M'N'F' et M'F'G'.

SECTION II. — *Pyramides.*

§ I. — Constructions générales.

TABLEAU LXXVI. (PL. 13.)

261. — *Construire la perspective d'une pyramide régulière dont la base est horizontale.* P est le point de vue, et D un des points de distance. Construisez le polygone perspectif ABCD, qui sert de base à la pyramide ; par le centre E de ce polygone, élevez une verticale sur laquelle vous porterez la hauteur perspective de la pyramide en F, et joignez AF.... DF, qui seront les arêtes de la pyramide dont ABDFA est le contour apparent.

262. — *Construire la perspective d'une pyramide régulière tronquée, dont la base est horizontale.* Construisez la perspective de la pyramide entière ABCDF ; tracez, par le centre E de la base, GH parallèle et égale à AB, et menez GF, HF. Portez alors sur EF, au point e, la hauteur de la section de la pyramide ; menez, par le point e, l'horizontale xy, qui coupe GF et HF aux points g,h, menez par chacun de ces points une parallèle ac, bd à AC, et joignez ab, cd. Vous obtiendrez le carré $abcd$ perspective de la section de la pyramide.

TABLEAU LXXVII. (PL. 13.)

263. — *Construire la perspective d'une pyramide régulière, dont la base est parallèle au tableau.* P est le point de vue, P$\frac{D}{2}$ la moitié de la distance principale, ABCD, *fig.* 1, la base de la pyramide, E$\frac{S}{2}$ la moitié de sa hauteur. Menez, par le centre E de la base, la perpendiculaire EP, construisez la hauteur perspective Ef de la pyramide, et joignez Af.... Df, qui en seront les arêtes.

264. — *Construire la perspective d'une pyramide régulière tronquée, dont la base est parallèle au tableau, fig.* 1. Même opération que pour le paragraphe 262.

265. — *Construire la perspective d'une pyramide hexagonale, dont la base est verticale et perpendiculaire au tableau.* Construisez, *fig.* 2, l'hexagone ABCDEF, qui sert de base à la pyramide ; menez, par le centre G, une horizontale Gx parallèle à la base du tableau ; portez sur cette horizontale, au point H, la hauteur perspective de la pyramide, et joignez AH, BH.... FH, qui seront les arêtes de la pyramide, dont HFABCH est le contour apparent.

266. — *Construire la perspective d'une pyramide hexagonale tronquée, dont la base est verticale et perpendiculaire au tableau.* ABCDEFH est la perspective de la pyramide entière, et Gg la hauteur de la pyramide tronquée. Faites au point $\frac{D}{2}$, avec la ligne d'horizon, l'angle P$\frac{D}{2}m$ égal au tiers d'un angle droit, et prolongez le côté $\frac{D}{2}m$ jusqu'à sa rencontre avec la ligne centrale au point $\frac{P'}{2}$. Menez alors, par le point g, une verticale qui coupe les arêtes FH, CH aux points f et c, joignez fP, et par le milieu $\frac{f}{2}$, tirez $\frac{fP'}{2}$; la parallèle fa à cette dernière droite sera un des côtés perspectifs de l'hexagone formant la section de la pyramide. Tracez la verticale ab et les droites ag, bg, dont les prolongements coupent les arêtes EH et DH aux points e et d, et joignez bc, cd.... ef, qui seront les autres côtés de l'hexagone.

TABLEAU LXXVIII. (PL. 13.)

267. — *Construire la perspective d'une pyramide dont l'axe est oblique sur le plan horizontal.* Dans cet exemple, le rectangle qui sert de base à la pyramide est vu obliquement. ABCD est la perspective de ce rectangle, F le point de concours des côtés AC et BD, et F' celui de la diagonale AD. L'autre diagonale est parallèle à la base du tableau. Tracez, au point E, la droite EH égale à la longueur de l'axe, et qui forme, avec BC prolongée, un angle égal à l'inclinaison de cet axe sur le plan horizontal, et abaissez, du point H, la perpendiculaire HG, qui est la hauteur de la pyramide. Élevez, au point E, la verticale Eh' égale à GH, et menez h'F et EF. Construisez sur EF, Eg égale perspectivement à EG (165), et par le point g, élevez une verticale qui coupe h'F au point h. Joignez Ah.... Ch, qui seront les arêtes perspectives de la pyramide.

268. — *Construire la perspective d'une pyramide tronquée, dont l'axe est incliné sur le plan horizontal.* Ayant construit la pyramide ABCDh, joignez Eh, portez sur Eh', au point e', la hauteur perspective de la section, et menez e'F, qui rencontre Eh au point e, centre du rectangle de la section. Menez par le point e, parallèlement à AD, une droite qui coupe Ah et Dh aux points a et d ; tirez aF et dF, et joignez les points d'intersection c et b de ces parallèles, et des arêtes Ch et Bh, aux points a et b. Vous obtiendrez ainsi le rectangle $abcd$ semblable au rectangle ABCD.

§ II. — Exercices sur l'application des pyramides

TABLEAU LXXIX. (PL. 13.)

269. — *Pour construire la perspective des assises tracées sur les faces d'une* *pyramide* A B C D F, tracez, par le milieu *m* du côté C A, la droite *m*F, sur laquelle vous porterez les divisions de vos assises, aux points 1, 2, 3.... et menez, par chacun de ces points, des parallèles à C A, qui coupent l'arête A F aux points 1′, 2′, 3′.... Les parallèles à A B, menées par ces points, seront les joints horizontaux des assises tracées sur la face A B F. Pour avoir la perspective des joints verticaux, divisez A B et A C, en autant de parties égales Ax.. Ax'... et menez, par les points de division de A C, des parallèles à *m*F qui rencontrent l'arête A F aux points x'. Tracez des horizontales $x' x''$, et joignez $x' x'$, qui seront les joints verticaux des assises 1, 3....; ceux des assises intermédiaires s'obtiendront de la même manière.

TABLEAU LXXX. (Pl. 13.)

270. — Ce tableau offre la perspective des saillies d'angles d'une corniche sur les deux arêtes d'un pilier rectangulaire. A B, C D sont les arêtes du pilier; A*bc*... *ijk*E est le profil de la corniche, fait dans un plan parallèle au tableau, et passant par l'arête A B. Tous les angles formés par les différentes parties du profil sont placés sur la ligne Ay.

P étant le point de vue et P$\frac{D}{2}$ la moitié de la distance principale, prolongez E*k* qui rencontre Ay en F, et construisez le rectangle E F G H, dont le côté F H est égal à la face A C du pilier. Menez par le milieu du rectangle, *mx* parallèle à EF, et portez sur le prolongement de F P, Ff' perspectivement égal à E F. Tirez f' E, dont le prolongement rencontre *mx* au point K, abaissez de ce point une verticale, et prolongez f'A qui la rencontre au point K′; tirez K′C, dont le prolongement coupe F P au point f'^2; Af'^2 et Cf'^2 détermineront, par leur intersection avec les droites menées au point de vue par les points *b, c*... *j, k* du profil, les saillies perspectives de chacun des membres de la corniche.

TABLEAU LXXXI. (Pl. 13.)

271. — *Construire les arêtes d'intersection de la face fuyante d'une muraille verticale avec les faces en talus d'une tour rectangulaire.* M, M′ sont deux tours rectangulaires ayant la forme de pyramides tronquées, et dont les axes passent par les points E; N est le mur vertical. Construisez sur la base inférieure A B C D de chacune des tours la projection $a'b'c'd'$ de la plate-forme supérieure *abcd*, comme l'indiquent les lignes ponctuées, et tracez la ligne de base de la muraille, jusqu'à sa rencontre avec le côté $c'd'$ au point h'. Élevez par ce point une verticale qui rencontre le côté *cd* de la plate-forme supérieure aux points *h*; joignez $h'h$ qui sera, pour chacune des tours, l'arête d'intersection cherchée.

TABLEAU LXXXII. (Pl. 14.)

272. — *Construire la perspective de gradins disposés sur un plan carré.* Commencez par tracer le profil géométral *ab*....*fg*, $a'b'$....$f'g'$; menez les droites indéfinies *bf*, $b'f'$, qui coupent la droite aa' prolongée, aux points *h, h′*, et la verticale élevée sur le milieu *m* de aa' au point M. Construisez la pyramide A B C D M, qui a pour base le carré fait sur hh'. L'intersection des droites *b*P, b'P...fP, f'P par les arêtes M A....M D de la pyramide, détermine les arêtes verticales des différents parallélipipèdes qui forment les gradins.

TABLEAU LXXXIII. (Pl. 14.)

273. — *Pour construire la perspective de l'escalier représenté dans ce tableau,* commencez par établir sur la ligne de centre E H le profil des marches *ab*....*h*, prolongez H*h* et menez *of*, qui rencontre cette droite au point S. Tracez le parallélipipède B C B′C′, dont la longueur A C est double de la largeur E H, et qui a pour hauteur la contre-marche E*a*, et construisez la pyramide A′B′C′D′S. L'intersection des arêtes A′S, C′S par les droites *b*P...fP, détermine aux points $b'b^3 f'f^3$ les arêtes verticales des différentes marches. Quant au profil fuyant B B′b'...f', il est formé par la rencontre de l'arête B′S et des droites tracées parallèlement à A B par les points b^2...f^2.

TABLEAU LXXXIV. (Pl. 14.)

274. — *Construire les perspectives des saillies d'angle d'une moulure droite sur les arêtes d'un socle à base carrée.* A B C D est la base supérieure du socle carré et $m'mn$, m'^2m^3n' est le profil de ce socle et de la moulure droite. Prolongez la ligne du profil géométral *mn* jusqu'à sa rencontre en S avec l'axe O O′ du socle M, et construisez la pyramide A B C D S; l'intersection de ses arêtes avec les droites menées par les points *m*, *n* et *m*, '*n*', parallèlement aux côtés A D, B C, détermine la perspective des saillies d'angle A E, B F, C G de la moulure.

275. — *Construire la perspective de lignes de rencontre ou noues de deux combles d'égale hauteur, qui se coupent à angle droit.* Par les sommets des pignons opposés menez les droites *bh*, *dg* qui se coupent au point *s*, et joignez *cs*, *es*, *as*, *fs* qui seront les quatre lignes de rencontre ou *noues*, dont une seule, *cs*, est visible dans la figure.

TABLEAU LXXXV. (Pl. 14.)

276. — *Étant donnée sur une arête A B d'un bâtiment rectangulaire la saillie perspective B m d'une corniche, pour répéter perspectivement cette même saillie sur les autres arêtes,* prolongez B*m* jusqu'à sa rencontre en S avec l'axe O O′ du bâtiment, et joignez S D, S F. Menez par le point *m* une parallèle à B D qui coupe S D prolongée au point *m′*, et par ce dernier point une autre parallèle à D F qui coupe S F prolongée au point *m″*. D*m′* et F*m″* sont la saillie *m*B répétée perspectivement sur les arêtes C D, E F.

277. — *Étant donné sur le côté A C d'une pyramide tronquée dont le sommet est hors du tableau, un point v, mener par ce point, dans le plan A B C D, une droite dirigée au sommet.* P et D sont les points de vue et de distance, M T Q R est le profil de la pyramide tronquée fait parallèlement au tableau.

Tracez dans la base les diagonales AE, CG qui se coupent en O', et joignez vO'. Du point Q du profil, abaissez une verticale qui coupe MT en q'', menez par ce point une parallèle à CE, et par son point d'intersection q' avec CG, tirez une autre parallèle $q'x$ à AC, qui coupe au point q' la droite vO'. Élevez par ce point une verticale qui rencontre BD au point q, et joignez vq qui, si elle était prolongée, rencontrerait le sommet perspectif de la pyramide.

278. — *Étant donné un point o sur la face d'une pyramide tronquée, dont le sommet est placé hors du tableau, construire la perspective d'une droite passant par le point o, et dirigée au sommet.* Menez par le point o une parallèle à AC, par son point a' d'intersection avec l'arête CD, abaissez une verticale qui coupe la diagonale GC au point a^3, et menez a^3y parallèle à AC. Du point o abaissez également une verticale qui rencontre a^3y au point o'; et par ce point menez au point O', projection horizontale du sommet de la pyramide, la droite o'O', qui coupe AC au point v, et tirez vo, qui sera la droite cherchée.

279. — *Une droite vo étant donnée sur la face d'une pyramide tronquée quadrangulaire, construire par un point b, pris sur la même face, une parallèle à cette droite.* Menez par le point b une parallèle à AC, par son point a' d'intersection avec l'arête CD abaissez une verticale qui coupe la diagonale CG au point a^3, et menez a^3y parallèle à AC. Du point b abaissez une verticale qui rencontre a^3y au point b'. Prolongez vo', projection de la droite vo, jusqu'à sa rencontre avec l'horizon au point P, et menez par b' la droite b'P perspectivement parallèle à vP. Cette droite coupe AC au point t; joignez tb, qui sera parallèle à vo.

280. — *Construire sur la face ABCD d'une tour quadrangulaire dont les murs sont en talus (pyramide tronquée), la perspective d'un cintre.* o est le centre de ce cintre, et ab son diamètre perspectif. Prolongez ab qui rencontre l'arête CD au point a'; menez a'P qui rencontre la ligne de profil TQ au point d', puis élevez en a' une verticale sur laquelle vous porterez en $a'd'$ la grandeur du rayon oa. Élevez pareillement au point d' une verticale sur laquelle vous ferez $d'd'$ perspectivement égale à $a'd'$, et reportez $d'd'$ sur TQ de d' en d. Ayant mené d'P, et par son point d'intersection d^3 avec CD la parallèle d^3z à AC, tracez par le point o une droite vq dirigée au sommet de la pyramide (278), ainsi que as et bt parallèles à vq (279), et dont les prolongements déterminent avec d^3x le rectangle $abce$ dans lequel doit être inscrit le cintre perspectif. Pour avoir les points f et g nécessaires au tracé de ce cintre, construisez sur $a'd'$ le triangle isocèle $a'd'$H, et portez d'H sur TQ en $a'h'$ et sur la verticale élevée au point d' en $a'h'$. Construisez sur vq le point h correspondant au point h', comme il a été fait pour le point d; puis menez h'P qui coupe $a'd'$ prolongée au point h^3, et reportez a^3h^3 de chaque côté du point o en j et en k. Joignez kh et jh dont l'intersection avec les diagonales co et eo donnent les points f et g.

TABLEAU LXXXVI. (Pl. 14.)

281. — Ce tableau est un résumé de toutes les constructions précédentes. On y a représenté la vue en fuite d'une rue perpendiculaire au tableau qui va en montant, depuis l'angle le plus rapproché du bâtiment de droite jusqu'à l'angle opposé, puis se dirige de niveau, et retourne obliquement à gauche du spectateur.

P est le point de vue, $P\frac{D}{2}$ la moitié de la distance principale, $P\frac{D}{2}+\frac{P'}{2}$ l'angle d'inclinaison du plan de la rue, $+$P' son point de vue rationnel, $P\frac{P'F}{4}$ l'angle formé par la ligne de retour de la rue et d'une ligne parallèle à la base du tableau. ABCD est le plan horizontal perspectif du bâtiment de droite qui est couvert par un comble à deux pentes, dit à la *mansarde*. Les lignes hachées indiquent le profil de ce bâtiment fait parallèlement au tableau.

Toutes les lignes d'opération sont tracées dans cette figure de manière à en faciliter l'exécution.

CHAPITRE VII.

Perspective des corps ronds.

§ I. — Constructions générales.

TABLEAU LXXXVII. (Pl. 15.)

282. — *Construire la perspective d'un cylindre vertical à base circulaire.* P est le point de vue, $P\frac{D}{2}$ la moitié de la distance principale, AB le diamètre de la base inférieure, et oo' l'axe du cylindre.

Commencez par tracer le cercle perspectif A$cd...h$, comme il a été indiqué précédemment; par chacun des points A, c, $d....h$ élevez une ligne verticale, et menez par le point o' deux droites perpendiculaires entre elles, l'une parallèle à AB, et l'autre à dg, qui par leur intersection avec les verticales élevées aux points A, B, d, g détermineront les diamètres perspectifs A'B', $d'g'$ de la base supérieure. Tirez alors dans la base inférieure les droites ce, hf parallèles à AB, et par leurs points d'intersection e^x, f^x avec dg, élevez des verticales qui rencontrent $d'g'$ aux points e', f'. Menant par ces derniers points des parallèles à A'B', vous obtiendrez par leur intersection avec les verticales élevées aux points c, f, h, c, les points e', f', h', c', par lesquels, ainsi que par les points A', B', d',g', devra passer le cercle perspectif formant la base supérieure du cylindre. Ayant ainsi obtenu les deux courbes génératrices du cylindre (106), tracez deux verticales I I', K K' tangentes à ces courbes, et qui détermineront le contour apparent de la surface cylindrique.

TABLEAU LXXXVIII. (Pl. 15.)

283. — *Construire la perspective d'un cylindre droit horizontal à base circulaire, oblique au tableau, le point de fuite de l'axe étant hors du cadre.* P est le point de vue, $m\frac{\text{P'F}}{4}$ est l'angle formé par un plan parallèle aux bases du cylindre et le plan du tableau, $\frac{\text{P'F'}}{4}$ est une droite parallèle à l'axe. Commencez par tracer le parallélipipède perspectif DCD'C', qui a pour hauteur AA' la hauteur du cylindre, et pour base un carré dont le côté est égal à son diamètre (193). Inscrivez dans le carré BCDE le cercle perspectif $abc\dots h$, qui sera une des bases du cylindre (213); tirez dans le carré B'C'D'E' les diagonales B'E', C'D', et par le milieu des arêtes CC', DD' du parallélipipède, la droite mm^2. Joignez A'd, A'h, et par leurs points d'intersection k et k^2 avec mm^2, menez Ak, Ak^2, dont les prolongements coupent la diagonale D'C' aux points d' et h', appartenant au cercle perspectif de l'autre base du cylindre. Vous trouverez par la même construction les points f' et b', par lesquels, et par les milieux a', c', e', g' des côtés du carré B'C'D'E', devra passer le cercle perspectif. Vous achèverez la perspective du cylindre en traçant les deux tangentes qui forment le contour apparent de sa surface.

TABLEAU LXXXIX. (Pl. 15.)

284. — *Construire la perspective d'un cylindre à base circulaire, dont l'axe est incliné sur le plan horizontal.* P est le point de vue, $P\frac{D}{2}$ la moitié de la distance principale, $abcd$ la base inférieure du cylindre, ac le diamètre parallèle au tableau, o le pied de l'axe, mon l'angle d'inclinaison de l'axe sur le plan horizontal, et oO la hauteur du cylindre. Construisez le triangle $m'on'$ égal perspectivement au triangle mon. Prolongez le côté on', et menez OP. Le point d'intersection o' sera le centre du cercle perspectif. De ce point abaissez une verticale, et par le point o'' d'intersection de cette verticale et de oP, projection horizontale et indéfinie de l'axe du cylindre, menez une parallèle à ac. L'intersection de cette parallèle par les droites aP, cP menées parallèlement à oP par les extrémités du diamètre ac, déterminera en $a'^2c'^1$ la grandeur perspective du diamètre $a'^2c'^2$ de la base supérieure. Il suffira pour achever la perspective du cylindre de tracer le cercle perspectif $a'^2b'^2c'^2d'^2$, et de mener deux tangentes ee^2, ff^2.

TABLEAU XC. (Pl. 15.)

285. — *Construire la perspective d'une hélice.* La courbe appelée *hélice* est engendrée par un point qui monte par degrés insensibles autour de la surface d'un cylindre. Si dans un rectangle on trace une ligne oblique à la base, et que l'on roule ce rectangle autour d'un cylindre, la ligne oblique deviendra une hélice. Le filet d'une vis, la rampe d'un escalier circulaire sont des hélices.

S est la surface d'un cylindre perspectif dont B est la base. Les points 1", 9" placés sur la même génératrice sont, le premier, le point de départ de l'hélice, et le deuxième, le point d'arrivée. La courbe comprise entre ces deux points constitue une *révolution*. P étant le point de vue, et $P\frac{D}{2}$ la demi-distance, déterminez sur l'axe du cylindre la hauteur 1 9 égale perspectivement à 1″ 9″; divisez 1 9 en huit parties égales, aux points 2, 3.…9; divisez de même la circonférence perspective en huit parties égales, aux points 2′, 3′.…1″, et ayant tracé le diamètre ab parallèle au tableau, menez par chaque point de division de la circonférence une perpendiculaire à ce diamètre, comme 2′P, 3′P.… et élevez par les points d'intersection 1, 3′².… de ces perpendiculaires et du diamètre, des lignes verticales sur lesquelles vous porterez en 2, 3″².… les hauteurs des points correspondants 2, 3.… prises sur l'axe. Menant par 2, 3″².… des parallèles à 2′P, 3′P, leur rencontre avec les génératrices 2′x, 3′x… déterminera autant de points 2″, 3″.… par lesquels devra passer la perspective de l'hélice.

TABLEAU XCI. (Pl. 15.)

286. — *Construire la perspective de différentes moulures dérivant de la surface cylindrique.* La moulure *fig.* 1, nommée *quart-de-rond*, est formée d'une portion de surface cylindrique convexe. Ordinairement, comme l'indique son nom, c'est le quart d'un cylindre.

La moulure, *fig.* 2, appelée *talon*, se compose de deux portions de surface cylindrique, l'une convexe, et l'autre concave; celle *fig.* 3, nommée *doucine*, n'est qu'un talon renversé.

Quand le profil de la moulure est formé d'une portion ou de deux portions d'arc de cercle, il suffit de trouver la perspective des centres et des rayons, comme on l'a fait pour le quart-de-rond. Dans le cas où la courbe formant le profil de la moulure, ou autrement la courbe génératrice, n'est pas formée d'arcs de cercle, comme dans les *fig.* 2 et 3, il faut opérer de la manière suivante, *fig.* 2. Il s'agit dans cet exemple, étant donné le profil de la moulure abc, et l'arête inférieure aa', de répéter au point a' le même profil. Pour cela, menez par le point a l'horizontale ax, et des points b et c abaissez des verticales qui la rencontrent aux points b' et c'. Menez également par le point a' une horizontale $a'x'$, et tirez b'P, c'P parallèles à aa'. Par leurs points d'intersection b'^2, c'^2 avec $a'x'$, menez des verticales. Leur rencontre avec les génératrices bP, cP donnera les points b', c', par lesquels, et le point a', devra être tracé le profil $a'b'c'$ égal au profil abc. On obtiendra de la même manière la perspective de la doucine représentée figure 3.

TABLEAU XCII. (Pl. 15.)

287. — *Construire la perspective d'un cône droit dont la base est horizontale,* *fig.* 1. Construisez le cercle perspectif $obcd$, qui forme la base du cône; élevez par le centre une verticale cS perspectivement égale à la hauteur du cône, et menez du sommet les deux droites Sf, Sg tangentes à la courbe $abcd$, et formant le contour apparent de la surface conique.

288. — Si le cône est oblique, la construction pour trouver la perspective de l'axe est la même que dans le cas du cylindre oblique S (284).

Les figures 2 et 3 présentent les perspectives de cônes droits dont les bases sont situées dans des plans verticaux parallèles au tableau. Dans la figure 2, où le cône présente son sommet S au spectateur, sa hauteur est double du rayon SC de la base; la figure 3 offre le cône dans une situation opposée.

TABLEAU XCIII. (Pl. 15.)

289. — *Construire la perspective d'un cône droit tronqué, dont la base et la section sont horizontales.* Ayant porté sur l'axe du cône construit préalablement, *fig.* 1, la hauteur de la section en *e'*, tirez le diamètre *ab* parallèle au tableau, et le diamètre *cd* perpendiculaire au premier et qui se dirige au point de vue P. Joignez *a*S.... *d*S, et menez par *e'* deux droites parallèles aux diamètres *ab* et *cd*, qui vous donneront, par leur intersection avec les droites *a*S et *b* S, les points *a', b', c', d'* appartenant à la courbe, perspective du cercle de la section. Prenez ensuite, sur la circonférence de la base, quatre autres points *h, i, k, l*, placés deux à deux sur la même perpendiculaire à *ab*. Par les points *k'*, *l'* d'intersection de chaque perpendiculaire avec *ab*, menez des droites au sommet du cône, et par leurs points d'intersection *k'' l''* avec le diamètre *a'b'*, menez des parallèles à *c'd'*. Joignez alors *h*S, *i*S.... *l*S, dont l'intersection avec ces parallèles déterminera quatre autres points *h', i', k', l'* de la section. L'apparence de la surface conique tronquée est déterminée par deux droites tangentes à la courbe de la base et à celle de la section.

290. — *Construire la perspective d'un cône tronqué vu intérieurement, dont la base et la section sont parallèles au tableau.* Ayant construit la hauteur *ee'* de la section et mené, par les points *e* et *e'*, les droites parallèles A B, *xy* dont la première est le diamètre de la base, tirez AS et BS. L'intersection de ces deux droites par *xy* déterminera le diamètre perspectif *ab* du cercle formé par la section du cône.

TABLEAU XCIV. (Pl. 15.)

291. — *Construire la perspective d'une sphère.* P est le point de vue, P$\frac{D}{2}$ est la moitié de la distance principale; *ab, cd, fig.* 1, sont deux diamètres de la sphère perpendiculaires entre eux et situés dans un plan parallèle au tableau. Construisez les perspectives M et N d'un cercle vertical et d'un cercle horizontal ayant un centre commun et le même diamètre que la sphère, et tracez une courbe qui enveloppe les deux cercles perspectifs. Cette courbe-enveloppe sera le contour apparent de la sphère.

292. — Le centre de la sphère ne se trouvant ici ni dans le plan central ni à la hauteur de l'horizon, son apparence perspective offre une forme allongée dans le sens de la ligne *mn* dirigée au point de vue.

293. — Quand la sphère, *fig.* 2, a son centre à la hauteur de l'horizon, sa perspective présente une forme allongée dans le sens horizontal. Cette forme allongée est, au contraire, dans le sens vertical, si le centre se trouve sur le plan central.

294. — Enfin, si la sphère, *fig.* 3, a son centre placé directement sur la perpendiculaire élevée au point de vue, c'est-à-dire sur le rayon central, son apparence est un cercle.

§ II. — Exercices sur la perspective des corps ronds.

TABLEAU XCV. (Pl. 16.)

295. — La perspective du cylindre droit dont la base est parallèle au tableau ne présentant aucune difficulté dans son exécution, nous n'en avons point fait plus haut l'objet d'un article spécial, nous réservant d'en présenter ici l'application à la vue de fuite d'une voûte en plein cintre, sur la surface de laquelle est figuré l'appareil des pierres. Les joints horizontaux sont des parallèles à l'axe du cylindre, les autres sont des portions de circonférence de cercle, dont les centres perspectifs se trouvent sur cet axe.

TABLEAU XCVI. (Pl. 16.)

296. — On a représenté, dans ce tableau, la vue de fuite d'un pont à trois arches. Les voûtes des arches sont des cylindres dont les axes sont parallèles au tableau. En avant de chaque pile est un *avant-bec*, destiné à rompre le courant des eaux. Cet avant-bec est formé par un demi-cylindre vertical M, terminé par un *chaperon* N en forme de demi-cône.

TABLEAU XCVII. (Pl. 16.)

On a réuni, dans ce tableau, les applications de la perspective du cylindre et du cône tronqué à la vue-d'un puits, d'un sceau et d'un baquet.

297. — *Pour construire la perspective d'un bandeau en saillie sur un mur en tour ronde* (cylindrique), ayant tracé les profils *abcd, a'b'c'd'* du mur et du bandeau dans un plan passant par l'axe du puits et parallèle au tableau, joignez *ac*, que vous prolongerez jusqu'à sa rencontre avec l'axe du cylindre au point *s*. Ayant pris, sur le cercle perspectif passant par le point *c*, plusieurs points tels que le point *e*, portez sur l'axe, de *a''* en *c''*, la hauteur du bandeau, et joignez *ec''*. Tirez *e*P, et par sa rencontre *e'* avec *cc'*, élevez la verticale *e'g'*. Élevez de même, au point *e*, une verticale *ex*, et menez *g'*P, dont le prolongement déterminera sur cette verticale *eg²* égale perspectivement à la hauteur du bandeau. Menant par *g²* le rayon perspectif *g²a'*, et par le point *e* la droite *es*, leur intersection donnera le point *g*, par lequel menant une verticale, et par le point *e* le rayon *ec''*, vous obtiendrez le point *f*, qui achève le profil oblique *g²gfe*. C'est par une suite de profils semblables que devront être tracées les arêtes circulaires du bandeau.

298. — Les joints des douves dans le sceau et dans le baquet, s'obtiendront en divisant en même nombre de parties égales les deux bases circulaires (216), et en joignant ces points de division par des lignes droites.

TABLEAU XCVIII. (Pl. 16.)

299. — *Étant donné le profil droit d'une doucine abcdf comprise entre deux listels ag et fk, pour obtenir la perspective de son profil d'angle,* menez l'horizontale gx, et des points b, d, élevez des perpendiculaires qui la rencontrent aux points b', d'. Construisez alors (241 et 270) la saillie d'angle $g'a'$, $f'k'$ des deux listels, menez la droite $g's$ à 45°, et tirez les droites bP, dP, $b'P$, $d'P$; des points d'intersection b'^2, d'^2 de ces dernières, et de $g's$, abaissez des verticales. Leur rencontre avec $b'P$, $d'P$, donnera les points b^2, d^2, par lesquels doit passer le profil d'angle. Le point c^2 s'obtient directement par la rencontre de cP et de la droite oblique $a'f'^2$. Chaque moitié de profil d'angle est l'intersection des surfaces de deux cylindres perpendiculaires entre eux.

300. — *Étant donné le profil d'angle d'une doucine sur les arêtes a^2g^2, f^2k^2 de deux listels, pour répéter perspectivement ce même profil sur les autres arêtes, telles que a^3g^3, f^3k^3,* menez, par les points g^2 et g^3, des lignes à 45° en sens contraire, telles que $g's$ et g^3s'. Des points b^2, d^2, élevez des verticales, et par leurs points d'intersection $b'^2d'^2$ avec la droite $g's$, menez à g^2g^3 des parallèles qui couperont g^3s' aux points $b'^3d'^3$; abaissez, de ces points, des verticales, et tracez, par les points b^2 et d^2 des parallèles à a^2a^3. Leur intersection donnera les points b^3, d^3, par lesquels devra être tracé le profil d'angle. Le point c^3 s'obtiendra comme il a été indiqué dans l'article précédent.

TABLEAU XCIX. (Pl. 17.)

301. — Ce tableau représente la perspective d'une suite d'arcades vues en fuite, et en retour d'équerre. Chaque arcade vue en fuite est une portion de surface cylindrique, dont la génératrice droite est parallèle à la ligne de terre.

Pour construire l'épaisseur perspective d'une arcade, prenez, sur le cintre intérieur perspectif, les points b, c, desquels vous abaisserez, sur la droite $a'd'$, menée dans le plan objectif par les extrémités des arêtes aa', dd', les verticales bb', cc'. Tirez les droites $b'b'^2$, $c'c'^2$ égales et parallèles à $a'a'^2$, épaisseur de l'arcade, et par chacun des points b'^2, c'^2, élevez une verticale. La rencontre de ces verticales et des horizontales, menées parallèlement à aa^2 par les points b, c, déterminera les points b^2, c^2, par lesquels et le point a^2 devra être tracée la courbe qui forme l'épaisseur visible de l'arcade.

TABLEAU C. (Pl. 17.)

302. — *Pour construire la perspective de la rencontre d'un toit, couvrant un bâtiment rectangulaire, avec la surface d'une tour ronde* (intersection d'un plan et d'un cylindre), tirez la ligne de pente du toit AB, située dans un plan parallèle au tableau, du point B abaissez la verticale Bb sur la base gh du mur vertical contre lequel est adossé le bâtiment, et menez, par le point b, une parallèle bx au mur de face M; prenez sur AB les points C, D, E, abaissez sur bx les verticales Aa, Cc, Dd, Ee, et tirez, parallèlement à gh, les droites aP, cP....bP, qui rencontrent la base de la tour ronde aux points a'^2, c'^2....b'^2; élevant par ces points des verticales, leur rencontre avec les droites AP, CP....BP parallèles à gh, déterminera les points a^2, c^2.... b^2, par lesquels devra passer la courbe d'intersection du toit et de la tour.

TABLEAU CI. (Pl. 17.)

303. — *Construire la perspective d'une voûte d'arête.* Cette voûte est formée par la rencontre des surfaces de deux voûtes cylindriques de même rayon.

Tracez le carré $ABCD$, et construisez, sur chacun des côtés de ce carré, un demi-cercle perspectif. Divisez deux des demi-cercles contigus en un certain nombre de parties égales, en quatre par exemple, aux points b, c, d, b', c', d', et par ces points de division, menez deux systèmes de droites, les unes bP, cP, dP parallèles au côté AC du carré, les autres $b'x$, $c'x$, $d'x$ parallèles à l'autre côté AB. Leur intersection deux à deux, comme $b'x$ et bP, $c'x$ et cP, etc., déterminera les points b^2, c^2, d^2, par lesquels et les points A, B, C, D devront être tracées les arêtes formées par la rencontre des deux voûtes. On a figuré sur la surface de la voûte les joints des voussoirs; ces joints sont des parallèles aux droites AB, AC, et viennent se rencontrer sur les courbes d'arêtes. Les diagonales tirées dans le carré $A'B'C'D'$ que comprend le plan objectif, sont les projections des arêtes sur ce plan; leur point d'intersection d'^2 doit se trouver sur la même verticale que c^2.

TABLEAU CII. (Pl. 17.)

304. — *Construire sur une tour ronde la perspective d'un cintre dont le diamètre est parallèle au tableau* (intersection d'un cylindre vertical par un cylindre horizontal). Soit le point o, situé sur la surface de la tour ronde à l'extrémité d'un rayon perpendiculaire au tableau, le centre du cercle ace dont le diamètre est ae et le rayon oc. Prolongez oc perpendiculaire à ae jusqu'à sa rencontre avec la base perspective de la tour ronde au point o', par lequel vous mènerez la droite $a'e'$ parallèle et égale à ae. Abaissez des points b, c, d, pris sur le cintre ace, des verticales sur $a'e'$, et, par les points d'intersection b', o' ou c', d', menez au rayon $o'O$ des parallèles qui coupent le cercle perspectif aux points a'^2, b'^2.... e'^2; élevant par ces derniers points des verticales, et menant par a, b.... e des parallèles à $o'O$, leur intersection commune donnera les points a^2.... b^2, e^2, par lesquels et le point c, devra être tracé le cintre perspectif.

305. — *Étant donné, sur la surface perspective d'une tour ronde, le cintre perspectif $a^2c c^2$, dont le centre perspectif o se trouve sur une droite horizontale passant par l'axe de la tour ronde et perpendiculaire au tableau, construire la perspective d'un autre cintre égal et à la même hauteur au-dessus du plan horizontal, mais dont le diamètre est perpendiculaire au tableau.* Abaissez du point o, des points a^2, b^2.... e^2 pris sur le cintre perspectif, les verticales oo', a^2a', $b^2b'^2$.... $e^2e'^2$, sur la base de la tour ronde, et ayant mené par le point o' une parallèle à la la ligne de terre, tirez a'^2P, c'^2P qui rencontrent cette parallèle aux points a' et c'. Du point o comme centre, avec $a'o'$ pour rayon, décrivez une demi-circonférence de cercle ace; tirez b^2P, d^2P qui coupent cette circonférence aux points b et d, et de ces points abaissez sur co des perpendiculaires (ici ces deux perpendiculaires se confondent en une seule droite bd qui coupe co au point b^1); tirez alors dans le plan objectif, par l'extrémité O de l'axe de la tour ronde, la droite O D à 45°, et menez les droites a'^2P, b'^2P....c'^2P et a^2P, b^2P....e^2P. Par les points a'^4, b'^4....d'^4 où les premières droites rencontrent OD, menez à o'O les perpendiculaires $a''^4a'^4$, $b''^4b'^4$.... $e''^4c'^4$; élevez par les points a'^4, b'^4, O, d'^4, c'^4 des verticales dont l'intersection avec cP, b^2P, oP donne les points a^4, b^4.... c^4, par lesquels passe la courbe $a^4c^4e^4$ projection verticale de la perspective du cintre cherché. Tirant maintenant par les points a'^4, b'^4.... e'^4 des parallèles à la ligne de terre, et par leur point de rencontre a'^3, b'^3.... e'^3 avec la base de la tour ronde, élevant des verticales, l'intersection de ces dernières avec les parallèles à la ligne de terre menées par les points a^4, b^4.... e^4 déterminent les points a^3, b^3.... e^3 par lesquels devra passer le cintre perspectif.

306. —*Étant donné sur la surface perspective d'une tour ronde le cintre $a^2c^2e^2$ dont le diamètre est parallèle au tableau, construire à la même hauteur au-dessus de la base horizontale un cintre égal, mais dont le diamètre soit à 45 par rapport à la base du tableau.* Pour ne pas compliquer la figure, on n'a tracé que la moitié des opérations. Menez par le centre O de la base de la tour ronde la droite OD à 45 degrés, qui divise le quart de la circonférence perspective de la base en deux parties égales au point o'^3. Cherchez le milieu m de l'arc $o'o'^5$ (216), et menez le rayon mO. Vous construirez les points c'^3, d'^5 au moyen de l'intersection des parallèles c'^2P, d'^2P par le rayon mO, et de droites renvoyées parallèlement à OD, par les points d'intersection sur la circonférence perspective. Vous vous conformerez ensuite, pour l'exécution du cintre en élévation, à la construction employée dans l'article précédent.

TABLEAU CIII. (Pl. 18.)

307. — Vue d'un perron circulaire conduisant sur une terrasse. Les marches sont disposées de chaque côté d'une demi-tour ronde dont le rayon est am; d'un côté, ces marches portent contre la surface de la tour ronde, de l'autre elles s'appuient sur un mur circulaire dont la surface extérieure a pour rayon la droite an.

Pour construire la perspective des marches de l'escalier circulaire, décrivez avec le rayon am le quart d'un cercle géométral sur lequel vous marquerez en 1, 2, 3.... 6, les largeurs égales du giron des marches. Abaissez des points de division sur am, les verticales $11'$, $22'$, $33'$....$6a$. Opérez la division perspective des marches sur la base de la tour rond commme l'indique l'article 216, et menez les droites $1'^2a$, $2'^2a$, $3'^2a$.... $6'^2a$; leur prolongement déterminera sur la base de la surface extérieure du mur circulaire, aux points $1'^3$, $2'^3$, $3'^3$.... $6'^3$, les largeurs perspectives des abouts de marches. Divisez alors la hauteur at de l'escalier en 6

parties égales, aux points c', e'.... k', et construisez le profil $1'bcd$.... l formé par la rencontre successive des droites horizontales, menées parallèlement à am par les points c', e', g'.... k', et par les verticales $1'1$, $2'2$, $3'3$.... $a6$: dans ce profil, les contre-marches sont égales, mais les girons sont inégaux. Voyons maintenant comment on peut déduire de ce profil géométral la perspective des marches, celle de la dernière, par exemple.

Tirez les parallèles k'P, jP, iP, et élevez des verticales par les points $6'^2$ et $5'^2$. L'intersection de ces deux systèmes de droites donnera le profil $k^2j^2i^2$ de la première marche sur la surface de la tour ronde. Menant maintenant les droites k^2k', j^2k', i^2i', vous obtiendrez par l'intersection de leurs prolongements et des verticales élevées aux points $6'^3$, $5'^3$, le profil $k^3j^3i^3$ de l'about de la marche, dont la perspective sera terminée en traçant les arêtes k^2k^3, j^2j^3, i^2i^3. Les lignes k^2j^2, k^3j^3 sont des portions de cercles perspectifs.

TABLEAU CIV. (Pl. 18.)

308. — *Construire dans une voûte plein cintre dont l'axe est perpendiculaire au tableau, la perspective de jours circulaires.* AB est le rayon de la voûte plein cintre, BP la direction de l'axe; c' et $c'c$, le centre et le rayon d'un des jours circulaires. Construisez le demi-cercle vertical $abcde$; des points b, c, d abaissez des verticales sur le diamètre ae. Par les points de rencontre b', d', et par le point c', menez à AB des parallèles qui coupent l'axe de la voûte plein cintre aux points b'^2, c'^2, d'^2, et, de ces points comme centres, avec $b'b'^2$, $c'c'^2$, $d'd'^2$ pour rayons, décrivez les arcs $b'x$, $c'x$, $d'x$. L'intersection de ces arcs avec les droites menées parallèlement à AB, par les points b, c, d, déterminera les points b^2, c^2, d^2 par lesquels et les points a, e doit être tracée la courbe formant la pénétration du jour circulaire dans la voûte plein cintre. Cette pénétration, qui forme une petite voûte se nomme *lunette*.

TABLEAU CV. (Pl. 18.)

309. — Vue d'un petit pavillon rectangulaire à base carrée, couvert par un comble cintré à quatre pans, et placé sur la plate-forme d'une tour ronde à laquelle on arrive par une pente douce circulaire.

Pour construire la perspective d'un comble cintré à quatre pans et à base carrée, ayant tracé la base $abcd$ et le profil $efghi$, tirez les diagonales ad, bc, et du point h abaissez sur ei la verticale hh'. Menez par le point h' une parallèle à ac ou bd, qui rencontre les diagonales aux points h'^2 h'^3, par lesquels vous élèverez des lignes verticales. Menez également au point h une parallèle à ac; son intersection avec les verticales élevées aux points h'^2, h'^3 donnera les points h^2, h^3, par lesquels et par les points b, d, g, devront être tracées les perspectives de deux des courbes d'arêtier. Chacune des deux autres courbes perspectives s'obtiendra de la même manière.

310. — *Pour construire la perspective d'une pente douce circulaire, $o'b'^2$, $o'b'$* étant les rayons des deux cylindres et a et d les points de départ et d'arrivée de la plus grande des deux hélices, abaissez du point *d* une verticale *dd'* sur la base du cylindre extérieur, et divisez l'arc de cercle *a b' d* en trois parties perspectivement égales aux points *b', c', d'*. Divisez de même l'axe *o'd''* de la tour ronde en trois parties égales aux points *b'', c''*, et construisez alors, comme il est enseigné dans l'article 285, l'hélice *abcd*. Menez les rayons *ao', b'o', c'o', d'o*, qui coupent la base de la tour ronde aux points *a¹, b'¹, c'¹, d'¹*, par chacun de ces points élevez une verticale, et joignez *bb''*, *cc''*; l'intersection de ces différentes droites déterminera les points *b¹, c¹, d¹* appartenant à la courbe perspective de l'hélice intérieure. La perspective de la rampe circulaire sera l'espace compris entre les perspectives des deux hélices.

TABLEAU CVI. (Pl. 18.)

311. — Vue d'une mosquée ou temple mahométan.

Cette vue offre une application de la perspective de la sphère à la perspective des voûtes dites en *cul de four*.

TABLEAU CVII. (Pl. 19.)

312. — *Construire la perspective d'une niche sphérique vue de front.* La niche sphérique est un demi-cylindre creux, terminé par une calotte sphérique de même rayon.

P est le point de vue, P $\frac{D}{2}$ la moitié de la distance principale, AB, CD sont les deux arêtes du demi-cylindre, et AC son diamètre. Décrivez sur AC une demi-circonférence de cercle géométrale, et construisez les demi-cercles perspectifs A*efg*C, B*e'f'g'*D, l'un, base de la surface cylindrique, l'autre, naissance de la calotte sphérique.

313. — *Par les points e, f, g, pris sur la naissance de la calotte d'une voûte sphérique, et le point o', extrémité du rayon vertical o'o, tracer sur la surface de la calotte des arcs de cercle perspectifs.* (Intersection d'une surface sphérique et de plans verticaux passant par le centre de la sphère.) Menez les rayons *eo', fo', go'*; tracez arbitrairement dans le cercle perspectif des droites *hi, eg* parallèles à AC, sur lesquelles, comme diamètres, vous décrirez les demi-circonférences géométrales *hxi, eyg*. Par les points d'intersection *e'¹, g'¹, f'¹, f'³* des rayons perspectifs et des diamètres *hi, eg*, élevez des verticales; leur rencontre avec les demi-circonférences tracées sur ces diamètres vous donnera les points intermédiaires *e², g³, f², f²*, par lesquels devront passer les courbes perspectives *ee²o, ff³f²o, gg²o*.

TABLEAU CVIII. (Pl. 19.)

314. — *Par les points b, c..., pris sur l'arête circulaire d'une niche sphérique, et par l'extrémité o' du rayon horizontal oo' perpendiculaire au diamètre, tracer sur la surface de la calotte sphérique des arcs de cercle perspectifs.* P est le point de vue, P $\frac{D}{2}$ la moitié de la distance principale, *ad* le diamètre de la niche parallèle au tableau, et *ao²d* la naissance perspective de la calotte.

Menez dans le cercle géométral les rayons *bo, co...*, et décrivez du point *o* comme centre la demi-circonférence arbitraire *ef... m*; menez par le point *e* une perpendiculaire *eP* au diamètre, et par son point d'intersection *e²* avec la naissance de la calotte, menez la droite *e²m²*. Décrivez sur cette droite, comme diamètre, la demi-circonférence *egm*, égale perspectivement à la circonférence *eg... m*; et menez par les points *f, g...* où la circonférence *e²xm²* est coupée par les rayons *bo, co....* les perpendiculaires *fP, gP...*; leur intersection par la demi-circonférence *e²xm²* déterminera les points intermédiaires *f², g²...*, par lesquels devront passer les arcs perspectifs *bf²o², cg²o²....*

TABLEAU CIX. (Pl. 19.)

315. — *Tracer sur la surface d'une calotte sphérique des cercles horizontaux.* (Intersection de la sphère et de plans horizontaux.) P est le point de vue, P $\frac{D}{2}$ la moitié de la distance principale, *ab* le diamètre de la niche. Menez les droites *cd, ef* parallèles à *ab*; construisez les rectangles perspectifs *ab a'b', cd c'd', ef e'f'*, et menez les diagonales *a'o, b'o.... f'o''*; par le point *g*, où la diagonale *a'o* rencontre la naissance de la calotte, tirez *gg²* perpendiculaire au diamètre *ab*; élevez au point *g²* une verticale qui coupe l'arête circulaire au point G, et tirez le rayon Go. Décrivez du point *o* comme centre, avec *co'* et *eo''* pour rayons, les demi-circonférences de cercle *c²xd²*, *e²xf²*, et des points *h', i'*, où elles sont rencontrées par le rayon Go, menez aux droites *cd, ef*, les perpendiculaires *h'h²*, *i'i²*. Joignant *h²*P et *i²*P, leur intersection avec les diagonales des rectangles vous donnera les points *h* et *i*, par lesquels, ainsi que par les milieux des côtés *c'd'*, *e'f'*, et par les points *c, d, e, f*, devront être tracés les cercles perspectifs horizontaux.

CHAPITRE VIII.

Perspective des solides de révolution.

TABLEAU CX. (Pl. 19.)

316. — *Construire la perspective d'un solide de révolution dont la génératrice est la courbe* ABC. Suivant ce que nous avons dit plus haut (120), la surface de révolution à mettre en perspective est formée par le mouvement de la courbe ABC autour de l'axe ST. Pour comprendre la génération du solide, on peut se représenter la figure SABCT comme un morceau de carton découpé, dont tous les points, dans leur mouvement autour de ST, décrivent des circonférences. L'assemblage de toutes ces circonférences forme le solide, et les cercles engendrés dans la rotation des droites SA, TC en sont les bases.

Dans l'intention de simplifier la figure, nous n'avons représenté que la moitié du solide, dont les demi-cercles perspectifs $aa'a^2$, $cc'c^2$ sont les deux bases. En général, pour construire la perspective de la surface d'un solide de révolution, menez dans le profil les droites SA, BB', CT, construisez les circonférences perspectives $aa'a^2$, $bb'b^2$, $cc'c^2$, dont les points appartiennent à la surface de révolution, et tracez de chaque côté de l'axe une courbe $a''b''x''$ tangente aux cercles perspectifs; cette courbe, qui forme le contour apparent, s'évanouit en un certain point de la surface, et c'est ce point qu'il s'agit de déterminer. Pour cela, tracez par le point de vue une tangente Py à la génératrice, et construisez au point de tangence F une circonférence de cercle horizontal. Son intersection f'' par la courbe $a''b''x''$ du contour apparent sera le point d'évanouissement.

TABLEAU CXI (Pl. 19.)

317. — Ce tableau offre une application de ce qui précède à la perspective de la surface de révolution d'un solide placé au-dessus de l'œil du spectateur.

Les points d'évanouissement des courbes formant le contour apparent se trouvent alors dans la partie supérieure de la surface.

TABLEAU CXII (Pl. 19.)

318. — On a représenté ici la vue de front d'un chapiteau toscan. Ce chapiteau, placé à la partie supérieure d'une colonne cylindrique, se compose d'un solide de révolution engendré par le profil *abcdef*, et recouvert d'un parallélipipède *ghij*, nommé tailloir.

TABLEAU CXIII (Pl. 20.)

319. — Nous n'avons point cru terminer plus convenablement ce qui est relatif à la perspective des surfaces de révolution que par la perspective d'un grand vase, dit *médicis*, et d'une coupole en impériale. La multiplicité des courbes qui s'y trouvent est un excellent exercice pour apprendre à construire les contours apparents de ces surfaces.

TROISIÈME PARTIE.

OMBRES ET RÉFLEXIONS.

CHAPITRE PREMIER.

Perspective des ombres.

320. — On appelle *foyer de lumière* tout corps qui nous envoie directement de sa lumière propre : le soleil, la flamme d'une bougie sont des foyers de lumière. La lumière du soleil s'appelle lumière *solaire*, et la lumière d'une bougie lumière *artificielle*; la lumière *réfléchie* est celle que nous envoie un corps éclairé.

321. — La lumière se propage toujours en ligne droite, et son foyer est un centre d'où s'élancent dans tous les sens des rayons innombrables, qui forment une sphère lumineuse. Cette direction des rayons lumineux devient sensible à l'œil lorsque la prunelle est couverte d'une légère couche d'humidité.

322. — Si les rayons de lumière rencontrent un corps opaque, ils sont interceptés, et tout l'espace placé derrière les surfaces éclairées est privé de lumière; cette privation de lumière est l'*ombre*.

323. — Tout corps opaque qui reçoit les rayons d'un foyer de lumière se compose de deux parties : d'une partie éclairée, et d'une partie dans l'ombre. Il semblerait donc que notre œil, n'ayant la perception des objets que par les rayons de lumière émanés de leurs surfaces, ne pût apercevoir la partie dans l'ombre. Cela serait, en effet, si le corps était placé dans le vide; et ce qui vient le confirmer, c'est le phénomène des phases de la lune, dont nous ne distinguons réellement que la partie éclairée par le soleil; mais autrement, la lumière, se trouvant réfléchie de toutes parts, soit par les corps solides, soit par les corps liquides, et même par l'air, vient éclairer la partie ombrée des objets, et la rendre ainsi perceptible à nos yeux.

324. — La ligne ou les lignes qui, sur les surfaces, limitent la partie éclairée, constituent la *séparation d'ombre et de lumière*.

325. — Si au delà d'un corps éclairé, et dans la direction des rayons qui viennent le frapper, on présente une surface, une partie de cette surface se trouvera privée de lumière. On obtiendra ainsi l'*ombre portée* du corps. En général, l'ombre portée d'un corps est l'intersection du plan situé au delà du corps, et de la surface ou des surfaces passant par le foyer de lumière et tangentes à la ligne de séparation d'ombre et de lumière.

326. — Si tous les corps étaient situés de même par rapport à notre œil et au foyer de lumière, tous seraient éclairés de la même manière; mais il n'en est pas ainsi. Les corps se trouvent plus ou moins éloignés de nous; leurs surfaces sont dans des positions différentes; on peut dire qu'en général aucun corps ne se trouve éclairé dans la nature comme un autre; il faut donc savoir donner à chacun le degré de lumière et d'ombre qui lui est propre, et c'est cette connaissance qui constitue la science si délicate du clair-obscur. Sans vouloir entrer ici dans des détails qui seraient déplacés dans un ouvrage consacré spécialement à la perspective linéaire, nous présenterons néanmoins quelques règles générales, qui servent de base à ce que nous avons appelé la *perspective aérienne*.

327. — La surface d'un corps est d'autant plus éclairée, que la direction des rayons lumineux s'approche davantage de la perpendiculaire à cette surface, et l'ombre portée d'un corps sur une surface est d'autant plus vigoureuse, que cette surface est plus éclairée. En conséquence, dans des vues représentant le matin ou le soir, les surfaces horizontales, comme les terrains, les eaux, doivent être faiblement éclairées, et les ombres y être indécises, tandis que les plans verticaux, comme les murs, les rochers à pic, etc., qui reçoivent le jour, doivent se faire remarquer par une lumière vive et des ombres tranchées. C'est le contraire à midi, où les surfaces verticales deviennent ternes, tandis que le sol, les eaux, les toitures, etc., se colorent de tous les feux du jour.

328. — L'ombre portée par un corps est d'autant plus vigoureuse, que le corps est plus opaque et qu'il en est plus rapproché. Ainsi, le cas où l'ombre portée doit être le plus tranchée, est lorsque le corps pose sur la surface même où l'ombre vient se projeter. On conçoit, en effet, que le corps intercepte ainsi une partie de la lumière réfléchie qui viendrait éclairer l'ombre portée.

329. — Les ombres portées dans la nature ne sont pas tranchées ; il y a entre la partie ombrée et la partie éclairée une dégradation que l'on appelle *pénombre* (presque ombre). La pénombre augmente avec l'éloignement du corps lumineux et l'obliquité de la lumière sur la surface.

330. — Plus une surface sera près d'un foyer de lumière, plus elle sera éclairée. Cet effet est nul dans le cas de la lumière solaire ; mais on l'observe dans les corps éclairés par des foyers de lumière artificielle. On conçoit, en effet, que l'intensité de la lumière qui se répand sphériquement autour du foyer, doit diminuer à mesure que cette sphère s'agrandit ; car l'espace éclairé est plus grand, et la quantité de lumière reste la même.

331. — Plus une surface, dans l'ombre, se rapprochera d'une surface éclairée et en recevra directement la lumière, plus elle sera reflétée. En général, la surface dans l'ombre est toujours moins teintée que l'ombre portée.

332. — La lumière réfléchie est d'autant plus vive, que le corps qui la renvoie s'approche plus de la couleur blanche, et que sa surface est plus lisse. Les couleurs foncées ne réfléchissent pas de lumière, à moins d'avoir reçu le poli.

333. — Les surfaces diaphanes, telles que le verre, ne réfléchissent la lumière que lorsqu'elles sont placées au devant d'une partie obscure. Tout le monde a été à même d'observer avec quel éclat les vitres d'une croisée fermée renvoient la lumière du soleil lorsqu'il s'abaisse sur l'horizon.

334. — La lumière sur les corps ronds est concentrée dans une petite partie de la surface qui se trouve réduite à un point ou à une ligne, lorsque le corps est parfaitement poli. Le point ou la ligne où se concentre la lumière et d'où elle est renvoyée à notre œil, se nomme *ligne et point brillant.*

335. — Les arêtes des corps ne pouvant être des lignes droites mathématiques et présentant toujours une forme cylindrique, reçoivent une lumière plus vive que les surfaces qu'elles terminent, mais du côté seulement du foyer lumineux ; celles, au contraire, qui forment la séparation d'ombre et de lumière, se teintent légèrement.

336. — A mesure que les objets s'éloignent de notre œil, les parties ombrées et les parties éclairées perdent de leur vivacité, et à un certain éloignement, suivant une expression aussi vraie qu'expressive, *tout est dans la vapeur.* En effet, cette indécision dans la forme et la couleur des corps, placés à une certaine distance, tient à la quantité et à la nature de l'air interposé entre les corps et notre

œil. Cet effet, dû à l'atmosphère, est d'une très-grande considération ; car il varie avec le climat et avec l'heure de la journée. Lorsque l'air est chargé d'humidité, comme dans les pays du nord, ou comme le matin et le soir, les lointains deviennent vagues et parfois même disparaissent entièrement, à l'exception de quelques parties élevées. C'est cette dégradation des tons qui nous aide à juger les distances.

337. — Tels sont les effets généraux que l'on doit observer dans la distribution des ombres et de la lumière. Nous allons voir maintenant comment on peut obtenir rigoureusement la perspective des ombres portées, soit dans le cas de la lumière solaire, soit dans celui d'une lumière artificielle.

I. Ombres portées par les corps solides à surfaces planes, et éclairés par la lumière solaire.

338. — Le soleil étant très-éloigné des objets qu'il éclaire, on admet que ses rayons sont parallèles. Il en résulte que l'ombre portée d'un corps terminé par des surfaces planes, est l'intersection de la surface qui doit recevoir l'ombre, et d'un prisme de rayons de lumière, qui a pour base la ligne comprise entre les arêtes formant la séparation d'ombre et de lumière ; tout se réduit donc à construire l'ombre perspective portée par ces arêtes.

339. — On voit que la recherche de l'ombre portée par un corps à surface plane se borne à celle de l'ombre de quelques lignes droites. Nous présenterons donc les constructions nécessaires pour trouver l'ombre perspective d'une ligne droite dans différentes positions, et dans un tableau d'exercices, nous en donnerons l'application aux ombres portées de différents corps solides.

340. — L'ombre d'un point original est l'intersection du rayon de lumière qui passe par ce point, et de la surface qui doit recevoir l'ombre ; donc l'ombre perspective d'un point perspectif est l'intersection de la perspective du rayon de lumière qui passe par le point, et de la surface perspective sur laquelle l'ombre doit être portée. Deux points perspectifs de l'ombre d'une ligne droite étant construits, la droite passant par ces points sera l'ombre perspective de la droite. Toutes les constructions suivantes reposent sur ce principe.

341. — Le soleil peut être placé de trois manières différentes par rapport aux objets : 1° dans un plan parallèle au tableau ; 2° en arrière du tableau ; 3° en avant du tableau. Dans le deuxième cas, le spectateur a le soleil devant lui ; dans le troisième, il l'a derrière. Chacun de ces cas sera l'objet d'un paragraphe distinct.

§ I. — Le soleil est dans un plan parallèle au tableau :

Dans cette position, tous les rayons de lumière perspectifs sont des droites parallèles.

TABLEAU CXIV. (Pl. 21.)

342. — *Construire l'ombre d'une droite verticale ab sur le plan horizontal dans* *lequel est situé le point* a. *ss* est la direction des rayons de lumière ; menez par le point *a* une horizontale *ax* parallèle au tableau, et par le point *b* une parallèle à *ss*. Leur intersection en b^2 déterminera l'ombre du point *b*, et ab^2 sera l'ombre de la droite.

343. — Les ombres portées par les droites verticales *cd*, *ef*, *gh* égales à *ab*, et élevées sur un même axe *a*P, se trouvent toutes comprises entre les parallèles *a*P et b^2P.

344. — Deux droites verticales *gh*, *g'h'* égales et situées dans un même plan parallèle au tableau, ont des ombres égales.

TABLEAU CXV. (Pl. 21.)

345. — *Construire l'ombre portée par une droite verticale* ab *sur un plan vertical* M *vu en fuite.* Abaissez du point *a* une verticale qui rencontre le plan horizontal au point *a'* (*aa'* est égale à la hauteur perspective du point *a* au-dessus du plan horizontal) ; menez par *a'* une parallèle à la base du tableau, et au point a^2 d'intersection avec la base *xy* du plan vertical M, élevez une verticale. La rencontre de cette verticale et des deux rayons de lumière parallèles à *ss* et passant par les points *a* et *b*, donnera en a^2b^2 l'ombre cherchée.

346. — Soit maintenant *cd* une droite verticale fixée sur le plan horizontal, dont on veuille trouver l'ombre portée. Menez par le point *c* une parallèle *cx* à la base du tableau, et par le point *d* le rayon *dz*. On voit que la rencontre de ces deux droites se ferait au delà du plan vertical : l'ombre sera donc en partie portée sur le plan horizontal et en partie sur le plan vertical. Il suffira, pour l'obtenir, de mener par le point d^2 où *cx* rencontre la base *xy* du plan M, une ligne verticale ; son intersection avec *dz* déterminera *l'ombre brisée* cd^2d^3.

TABLEAU CXVI. (Pl. 21.)

347. — *Construire l'ombre portée par une ligne verticale sur un plan incliné.* *ab* est la ligne verticale donnée. Tracez par son point de rencontre *a* avec le plan incliné la ligne de rampe *ax*, située dans un plan parallèle au plan du tableau, et par le point *b*, menez une parallèle à *ss* ; le point d'intersection b^2 sera l'ombre du point *b* : joignez ab^2, qui sera l'ombre cherchée. cd^2 est l'ombre portée par la verticale *cd* sur un terrain descendant.

TABLEAU CXVII. (Pl. 21.)

348. — *Construire l'ombre portée sur un plan horizontal par la ligne brisée* abcd, *composée de trois lignes horizontales* ab, bc, cd, *dont la première est parallèle au tableau.* Des points *a* et *b* abaissez des verticales qui rencontrent le plan horizontal en *a'* et *b'* ; tirez *a'b'* et menez *ax*, *bx* parallèle à *ss*. Leur intersection avec *a'b'* prolongée donnera l'ombre a^2b^2 de *ab*. Prolongez *bc* jusqu'à sa rencontre avec la ligne d'horizon au point P ; menez *b'*P, et du point *c*, abaissez une verticale ; par son point d'intersection *c'* avec *b'*P, menez *c'x'* parallèle à la ligne de terre, et tracez le rayon *cz* qui la rencontre au point c^2 ; joignez b^2c^2, qui sera l'ombre portée de *bc*. Vous obtiendrez de la même manière l'ombre c^2d^2 de *cd*.

TABLEAU CXVIII. (Pl. 21.)

349. — *Construire l'ombre portée sur un plan vertical* M *par trois droites horizontales ; la première* ab, *perpendiculaire, la seconde* bc *parallèle, et la troisième* ef *oblique au plan* M. Nous supposerons ici le plan M perpendiculaire au tableau ; dans ce cas, la droite *ab* devient une parallèle à la ligne de terre.

1°. *Droite perpendiculaire.* — Abaissez, du point *a* compris dans le plan M, une verticale *ax*, et menez, par le point *b*, une parallèle *bx* à *ss* ; leur intersection b^2 sera l'ombre portée du point *b*, et ab^2 celle de la droite *ab*.

2°. *Droite parallèle.* — Construisez la droite *b'c'* passant par les pieds *b'*, *c'* des perpendiculaires abaissées des points *b* et *c* sur le plan horizontal (les points *b'* et *c'* sont les projections horizontales des points *b* et *c*) ; menez des points *b'* et *c'* des perpendiculaires sur la base *lm* du plan M (ici ce sont des parallèles à la ligne de terre), et par leur point de rencontre b'^2, c'^2 élevez des verticales ; leur intersection avec les rayons *bx* et *cx* déterminera l'ombre portée b^2c^2 de la droite *bc*.

3°. *Droite oblique.* — Prolongez *ef* jusqu'à sa rencontre avec la ligne d'horizon au point F, abaissez, du point *e* situé dans le plan M, une verticale indéfinie, et menez par le point *e'* d'intersection de cette verticale et du plan horizontal, *e'*F perspectivement parallèle à *de*. Abaissez sur cette parallèle la verticale *ff'*, et menez, par *f'*, une perpendiculaire à la base du plan M. Par le point d'intersection f'^2, tracez une verticale, et par le point *f* un rayon de lumière ; leur commune intersection f^2 sera l'ombre du point *f*, et ef^2 l'ombre de la droite *ef*.

TABLEAU CXIX. (Pl. 21.)

350. — *Construire l'ombre portée sur un plan incliné* N *par trois droites horizontales : la première* ab, *située dans un plan vertical perpendiculaire à la base du plan incliné, la deuxième* bc *parallèle à cette base, et la troisième* de *oblique à une droite parallèle à cette même base.* Pour plus de simplicité, le plan N est supposé perpendiculaire au tableau, et la droite *ab* devient ainsi parallèle à la ligne de terre.

1°. *Droite située dans un plan vertical perpendiculaire à la base du plan* N. — Tracez par le point *a*, compris dans le plan incliné, une parallèle *ax* à la ligne de pente *yy*, et par le point *b* un rayon de lumière ; le point d'intersection b^2 sera l'ombre portée par le point *b*, et ab^2 l'ombre portée de la droite *ab*.

2°. *Droite parallèle à la base* lm *du plan incliné.* — Abaissez du point *b* une verticale, qui rencontre, par hypothèse, le plan incliné en *b'*. Joignez *b'*P parallèle à *ab*, et abaissez la verticale *cx*, qui rencontre *b'*P au point *c'*. Menez par les points b' et c' des parallèles $b'z$ et $c'z$ à la ligne de pente yy, et par les points b et c des rayons de lumière. Leur intersection avec $b'z$, $c'z$, déterminera $b''c''$, ombre de bc.

3°. *Droite oblique.* — Menez par le point e, situé dans le plan incliné, une parallèle ex à la base lm de ce plan, et par le point d, une droite horizontale parallèle à la ligne de terre; par leur point m d'intersection, menez une parallèle mz à la ligne de pente; son intersection d'' avec le rayon de lumière passant par le point d, sera l'ombre portée de ce point, et $d''e$, celle de la droite de.

La détermination des ombres portées par les lignes droites verticales et horizontales sur des plans inclinés, est d'un usage fréquent. On en trouve une application immédiate dans les ombres portées sur les toits par les cheminées, les lucarnes, etc., qui se rencontrent à chaque instant dans les vues perspectives.

TABLEAU CXX. (Pl. 21.)

351. — *Construire les ombres portées sur un plan horizontal par des droites inclinées à l'horizon : la première* ab *située dans un plan parallèle au tableau, les deux autres* cd, ef, *situées dans des plans obliques ou perpendiculaires.* 1° Menez par le point a, situé dans le plan horizontal, une parallèle à la ligne de terre, et par le point b un rayon de lumière; leur intersection b'' sera l'ombre du point b, et ab'' l'ombre de la droite ab.

2°. Menez par les points c et e, situés dans le plan horizontal, les droites cP, eF, traces horizontales des plans obliques ou perpendiculaires au tableau passant par les droites cd, ef; abaissez, des points d et f, des verticales et par leurs points d'intersection d' et f' avec cP et eF, menez des parallèles à la ligne de terre. L'intersection de ces parallèles et des rayons dx, fx, déterminera en cd'' et ef'' les ombres portées par les droites cd et ef.

TABLEAU CXXI. (Pl. 21.)

352. — *Construire l'ombre portée sur un plan vertical* M *par une droite* ab *inclinée à l'horizon.* $a'b'$ étant la projection horizontale de la droite ab, menez par a' une parallèle à la ligne de terre; au point a'' d'intersection de cette parallèle et de la base lm du plan M, élevez une verticale et menez le rayon de lumière ax. L'intersection a'' de ce rayon et de la verticale élevée au point a'', sera l'ombre portée du point a, et $a''b$ celle de la droite ab.

TABLEAU CXXII. (Pl. 21.)

353. — *Construire l'ombre portée sur un plan incliné* Z *par une droite* ab *inclinée à l'horizon.* La trace horizontale lm du plan incliné est, par hypothèse, parallèle au tableau. Abaissez, du point a sur le plan horizontal passant par lm, une verticale qui le rencontre en a'. Menez $a'F$, trace du plan vertical passant par ab, et abaissez, du point b, la verticale bx qui rencontre cette trace en b'; $a'b'$ sera la projection horizontale de ab. Cela fait, menez par b' une horizontale perpendiculaire à lm, et par son point n d'intersection avec cette droite, construisez la droite np parallèle à

la ligne de pente du plan incliné (247). Par le point b'', où la verticale bx coupe np, menez une parallèle $b''z$ à lm, et tracez le rayon bx. L'intersection de ce rayon et de $b''z$, donne en b' l'ombre du point b; joignez ab' qui sera l'ombre cherchée.

TABLEAU CXXIII. (Pl. 21.)

354. — *Construire l'ombre d'une courbe sur un plan incliné et sur un plan horizontal.* lm est la base du plan incliné, et ln sa ligne de pente; on prend différents points a, b, c, d, sur la courbe perspective, et l'on construit les ombres portées b', c', d' (346 et 347); la courbe brisée passant par ces derniers points, est l'ombre de la courbe donnée. Si la courbe était située dans un plan parallèle au tableau, son ombre serait une ligne droite brisée axd'.

TABLEAU CXXIV. (Pl. 21.)

355. — Ce tableau est une application des constructions précédentes, et toutes les opérations y sont indiquées de manière à en faciliter l'exécution. Avant de chercher l'ombre portée de chacun des solides, on doit bien s'assurer des parties éclairées et des parties ombrées.

§ II. — Le soleil est en arrière du tableau, vis-à-vis le spectateur :

Dans cette position, les rayons perspectifs ne sont plus parallèles, mais ont pour point de fuite la rencontre du tableau et d'une droite menée par l'œil du spectateur, parallèlement aux rayons originaux; nous appellerons ce point de fuite *point solaire.*

TABLEAU CXXV. (Pl. 21.)

356. — *Trouver la perspective des rayons de lumière.* $+S$ est le point solaire, et xy la ligne d'horizon; b, d, f, sont des points par où doivent passer des rayons de lumière. Joignez $b+S$, $d+S$, $f+S$, qui seront les perspectives d'autant de rayons.

357. — *Construire les ombres perspectives portées sur un plan horizontal par les droites verticales* ab, cd, ef. Abaissez, du point solaire $+S$, une verticale qui rencontre l'horizon au point s'; tirez les parallèles as', cs', es', ainsi que les rayons $b+S$, $d+S$, $f+S$. Vous obtiendrez, par leurs intersections, les points b', d', f', qui détermineront les ombres perspectives ab', cd', ef' des verticales données.

Le point s' est la projection du point solaire sur l'horizon, et la distance $+Ss'$ la hauteur du soleil au dessus de l'horizon; on voit, ainsi que le démontre l'ombre portée ab' de la verticale ab, que les ombres grandissent lorsque le soleil parvient à un point $+S'$, plus rapproché de l'horizon. Quand le soleil se trouve sur l'horizon même en s', l'ombre d'une verticale est infinie; car les droites as' et bs' sont parallèles, et par conséquent ne peuvent se rencontrer; c'est pourquoi en pleine mer l'ombre d'un vaisseau, au coucher ou au lever du soleil, s'allonge jusqu'à l'horizon.

358. — *Construire l'ombre portée sur un plan horizontal par une droite verticale ef, lorsque la hauteur du soleil dépasse le cadre du tableau.* Prenez une fraction de la hauteur du soleil au-dessus de l'horizon, la moitié par exemple, ou point $+\frac{S}{2}$. Prenez la même fraction $e\frac{f}{2}$ de la droite verticale, et joignez $\frac{f+S}{2}$, qui rencontre $s'e$ au point f'; ef' sera l'ombre de ef.

TABLEAU CXXVI. (Pl. 22.)

359. — *Construire l'ombre d'une droite oblique ab sur un plan horizontal.* $+S$ est le point solaire, et s' sa projection sur l'horizon. Menez par le point a la droite ax, trace horizontale du plan vertical passant par ab. Abaissez, du point b, une verticale, et par son point d'intersection b' avec ax, menez $b's'$; l'intersection de cette droite prolongée et du rayon $b+S$ déterminera b', ombre du point b. Joignez ab', qui sera l'ombre de ab.

En comparant cette opération à celle décrite article 351, alinéa 2, pour trouver l'ombre d'une droite oblique, lorsque le soleil est dans un plan parallèle au tableau, on voit qu'elle lui est entièrement identique, et que la seule différence est, qu'au lieu de mener, par les pieds des verticales abaissées des points qui portent ombre sur le plan horizontal, des parallèles à la base du tableau, il faut mener des droites concourant à la projection du point solaire sur l'horizon. Il en est de même pour toutes les autres constructions relatives aux ombres des lignes droites portées sur des plans horizontaux ou verticaux. Nous avons donc cru inutile d'expliquer les autres opérations de ce tableau et celles du tableau CXXVII, au moyen desquelles on construit l'ombre d'une droite verticale cd, sur un plan horizontal et sur un plan vertical, ainsi que celle d'une droite horizontale ef, et d'une droite oblique gh sur un plan vertical.

TABLEAU CXXVIII. (Pl. 22.)

360. *Construire l'ombre portée sur un plan incliné par une ligne verticale ab.* $+S$ est le point solaire, s' sa projection sur l'horizon, et P le point de fuite de la trace horizontale ou base du plan incliné qui se trouve ici perpendiculaire au tableau. Menez as' et $b+S$, qui se coupent au point b', par lequel vous tracerez $b'x$ parallèle à la ligne de terre. Tirez aP parallèle à la base du plan incliné, et par le point n de son intersection avec $b'x$, menez nz parallèle à la ligne de pente vy du plan incliné. Son intersection, par le rayon $b+S$, déterminera ab' ombre de la droite ab.

361. — *Construire l'ombre portée, sur un plan incliné, par une ligne horizontale bc, située dans un plan vertical perpendiculaire à la base du plan incliné.* Ici bc est parallèle au tableau. Menez par le point c, situé dans un plan incliné, une ligne cs parallèle à la ligne de pente, et du point b abaissez une verticale qui la rencontre en a. Construisez l'ombre b' du point b, comme l'indique l'article précédent, et joignez $b'c$, qui est l'ombre de bc.

TABLEAU CXXIX. (Pl. 22.)

362. — *Construire l'ombre portée par une droite verticale ab sur un plan incliné dont la trace horizontale ou base, est parallèle au tableau.* $+S$ est le point solaire, s' est sa projection sur l'horizon. Construisez l'horizon rationnel xy du plan incliné, qui coupe $+S s'$ au point $+s'$, et menez $b+S$ et $a+s'$. Le point b', où se coupent ces droites prolongées, est l'ombre du point b, et ab' celle de la droite ab.

L'ombre de la ligne horizontale bc s'obtient en construisant les ombres b' et c' des points b et c, et en joignant $b'c'$.

TABLEAUX CXXX et CXXXI. (Pl. 22.)

363. — Ces deux tableaux contiennent l'application des constructions précédentes aux tracés des ombres portées par les corps solides à surfaces planes.

§ III. — *Le soleil est en avant du tableau, derrière le spectateur :*

Dans cette position, la droite, menée par l'œil du spectateur parallèlement aux rayons de lumière originaux, ne rencontre plus le plan du tableau au-dessus de la ligne d'horizon; elle le rencontre au-dessous, et ce point d'intersection devient également le point de fuite de tous les rayons perspectifs : nous appellerons aussi ce point de fuite, *point solaire*.

TABLEAU CXXXII. (Pl. 22.)

364. — *Construire l'ombre d'une droite verticale ab sur le plan horizontal.* —S étant le point solaire, élevez par ce point une verticale qui rencontre l'horizon au point s', projection du point solaire. Menez as' et $b—S$, qui se coupent au point b', et joignez ab' ombre de ab. On voit que, dans cette position du soleil, l'opération, pour construire l'ombre d'une droite donnée, est identique à celle de l'article 357 du paragraphe II. Nous renverrons donc, pour l'explication du tracé des ombres perspectives dans ce tableau et dans les tableaux CXXXIII et CXXXIV, aux constructions détaillées dans les articles 357, 359, 360 et 362.

TABLEAU CXXXV. (Pl. 22.)

365. — *Construire l'ombre d'une ligne verticale ab sur une suite de plans horizontaux et verticaux, tels que les marches d'un escalier.* —S est le point solaire, s' sa projection sur l'horizon. Ayant tiré $b—S$, menez as'; par le point c' où cette droite rencontre l'arête inférieure xx de la première contre-marche, élevez la verticale $c'c$, menez cs', qui coupe l'arête yy de la deuxième contre-marche au point d', élevez une nouvelle verticale $d'd$ et continuez ainsi l'opération jusqu'à l'intersection de la droite brisée et du rayon perspectif $b—S$ au point b'.

TABLEAUX CXXXVI et CXXXVII. (Pl. 23.)

366. — Ces deux tableaux sont une application des constructions du paragraphe III aux tracés des ombres portées par les prismes et les pyramides.

II. Séparations d'ombre et de lumière sur les corps ronds. — Ombres portées par ces corps.

§ I. — Ombres des cylindres.

367. — Les séparations d'ombre et de lumière sur les surfaces cylindriques, sont déterminées par les rencontres de cette surface et de deux plans tangents composés de rayons de lumière; elles se font toujours suivant deux lignes droites parallèles à l'axe du cylindre. L'ombre portée de la surface cylindrique, se réduit à la détermination des ombres portées par les deux lignes de séparation d'ombre et de lumière.

368. — L'ombre totale du cylindre comprend : 1° l'ombre portée par la surface cylindrique; 2° les ombres portées par les portions de circonférence des deux bases comprises, en sens opposé, entre les lignes de séparation d'ombre et de lumière.

369. — L'ombre portée par une courbe, est l'intersection du plan sur lequel doit être portée l'ombre, et d'un cylindre perspectif, dont la génératrice droite est parallèle aux rayons de lumière, et dont la génératrice courbe est la courbe donnée (106).

TABLEAU CXXXVIII. (Pl. 23.)

370. — *Construire l'ombre d'un cintre sur le plan horizontal, le soleil étant placé devant le spectateur, ou derrière le tableau.* $\frac{+s}{2} s'$ est la moitié de la hauteur du soleil au-dessus de l'horizon, *abcdefg* est une ouverture cintrée par le haut, pratiquée dans le plan M. Le soleil étant derrière le plan M, ce plan se trouvera privé de lumière directe, et, par conséquent, portera ombre sur le plan horizontal. Cette ombre ne sera interrompue que par les rayons de lumière qui passeront à travers l'ouverture, et viendront dessiner son contour sur le plan horizontal. C'est ce contour qu'il s'agit de tracer.

Ayant construit l'ombre ab^2, gf^2 des arêtes *ab* et *fg* au moyen de la demi-hauteur du soleil (358), tirez *ag* dans le plan horizontal; prenez sur le cintre les points *c*, *d*, *e*, et de ces points abaissez sur *ag* les verticales *cc'*, *dd'*, *ee'*. Menant les droites *s'c'*, *s'd'*, *s'e'*, et par les milieux $\frac{e}{2}$, $\frac{d}{2}$, $\frac{c}{2}$ des verticales *cc'*, *dd'*, *ee'*, les rayons perspectifs $\frac{es}{2}$, $\frac{ds}{2}$, $\frac{es}{2}$, leur intersection déterminera les points c^2, d^2, e^2, par lesquels, et les points b^2 et f^2, devra être tracée la courbe de l'ombre portée par le cintre de l'ouverture.

TABLEAU CXXXIX. (Pl. 23.)

371. — *Construire la séparation d'ombre et de lumière sur la surface du cylindre vertical* M, *ainsi que son ombre portée sur le plan horizontal, le soleil étant dans un plan parallèle au tableau.* Menez à la base inférieure du cylindre les tangentes *xx*, *yy* parallèles à la base du tableau, et par les points de tangence *a'* et *f'* deux droites *a'a*, *f'f* parallèles à la génératrice du cylindre. Ces deux droites seront les séparations d'ombre et de lumière de la surface cylindrique, dont l'ombre portée aura pour limites les droites *a'a²*, *f'f²*, ombres des droites *a'a*, et *f'f*. Pour avoir l'ombre portée par le demi-cercle *acf*, menez dans la surface cylindrique, par les points *b*, *c*, *d* pris sur ce demi-cercle, les droites *bb'*, *cc'*, *dd'* parallèles à la génératrice, et par les points *b'*, *c'*, *d'* tracez des parallèles à la ligne de terre. Vous obtiendrez par l'intersection de ces parallèles et des rayons de lumière passant par les points *b*, *c*, *d*, les points *b²*, *c²*, *d²*, appartenant à la courbe d'ombre de la demi-circonférence.

372. — L'opération pour la détermination de l'ombre d'un cylindre dans les autres positions du soleil est absolument la même, si ce n'est que les tangentes et les projections horizontales des rayons, concourent à la projection du point solaire sur la ligne l'horizon.

TABLEAU CXL. (Pl. 23.)

373. — *Construire l'ombre portée par la circonférence de la base d'un cylindre creux vertical sur sa surface intérieure, le soleil étant dans un plan parallèle au tableau.* (Un litre, un tuyau sont des cylindres creux.) Menez à la circonférence de la base supérieure du cylindre les deux tangentes *xx*, *yy* parallèles au tableau, et qui la rencontrent aux points *a* et *g*. Prenez sur la demi-circonférence comprise entre ces deux points et située du côté d'où vient la lumière, les points *b*, *c*, *d*.... Menez dans la surface cylindrique les droites *bb'*, *cc'*, *dd'*.... parallèles à la génératrice, et par les points *b'*, *c'*, *d'*.... menez, à la base du tableau, des parallèles qui viennent couper l'autre partie de la circonférence de la base inférieure, aux points *b'²*, *c'²*, *d'²*.... Traçant par ces points d'autres parallèles à la génératrice, leur intersection avec les rayons de lumière tracés par les points *b*, *c*, *d*.... déterminera les points *b²*, *c²*, *d²*.... appartenant au contour de l'ombre portée. Ce contour est, comme on le voit, l'intersection d'un cylindre vertical par un autre cylindre parallèle au rayon de lumière.

Même remarque que dans l'article précédent.

TABLEAU CXLI. (Pl. 23.)

374. — *Construire l'ombre portée par les côtés d'un carré horizontal sur la surface d'un cylindre vertical, le soleil étant placé derrière le spectateur, au devant du tableau.* M est un cylindre vertical surmonté du parallélipipède O à base carrée. P est le point de vue, $P\frac{D}{4}$ le quart de la distance principale, — S le point solaire, et *s'* sa projection sur l'horizon. Il s'agit de déterminer l'ombre portée sur le cylindre par les arêtes horizontales *ab* et *ac* de la base *abcd* du parallélipipède. Ayant tracé la séparation d'ombre et de lumière *xy* sur le cylindre, construisez dans le plan horizontal passant par la base inférieure du cylindre la projection *d'b'c'd'* du carré *abcd*; prenez sur l'arête *ab* les points *e*, *f*, *g*, *h*, *i*, et menez les rayons de lumière perspectifs *a*—S, *c*—S, *f*—S... *i*—S; reportez les mêmes points sur *a'b'* en *e'*, *f'*.... *i'*, par lesquels, et les points *a'* et *b'*, vous tirerez les droites $a's'$, $e's'$, $f's'$.... $i's'$ qui coupent la circonférence de la base inférieure du cylindre en a'^2, e'^2, f'^2.... i'^2; élevant par ces derniers points des verticales, leur rencontre avec les rayons de lumière perspectifs déterminera aux points a^2, e^2, f^2.... i^2 le contour de l'ombre portée par la droite ab sur le cylindre. Pour trouver l'ombre de l'arête ac, menez à la base inférieure la tangente $s'k'^2$ qui coupe $a'c'$ au point k'; reportez k' sur ac au point k, et tracez le rayon $k - S$. Son intersection avec la verticale élevée au point k'^2 déterminera le dernier point k^2 de l'ombre portée. Prenez alors entre a et k des points intermédiaires, et construisez leurs ombres portées comme celles des points pris sur ab. Dans ce tableau, l'ombre de ac se trouve dans la partie du cylindre cachée à l'œil du spectateur.

TABLEAU CXLII. (Pl. 23.)

375. — *Construire l'ombre d'une voûte plein-cintre dont l'axe est perpendiculaire au tableau, le soleil étant placé derrière le spectateur, au devant du tableau.* — S est le point solaire, s' sa projection sur l'horizon, et P le point de vue. Il s'agit de construire l'ombre portée par le cintre A E H ; 1° sur la surface intérieure de la voûte ; 2° sur le mur vertical Hkl, qui supporte la voûte ; 3° sur le mur vertical M, parallèle au tableau, et qui se trouve placé à l'extrémité de la voûte.

Cherchez d'abord sur le cintre le point d'origine de l'ombre, c'est-à-dire l'extrémité de la droite de séparation d'ombre et de lumière sur la surface cylindrique. Pour cela, prenez sur le cintre A E H, du côté de la lumière, un point quelconque B ; abaissez de ce point sur le diamètre A H la verticale Bb', et menez B — S, $b's'$, qui se coupent au point m ; menez par ce point une perpendiculaire au tableau mP, qui rencontre A H au point M, et joignez B M. Il suffira de mener à B M une parallèle xx, tangente au cintre pour avoir, au point de tangence G, l'origine de l'ombre. Menez alors par le point H une parallèle à B M, son point d'intersection D avec le cintre sera le dernier point qui porte ombre sur la surface de la voûte. Prenez entre D et G les points E, F, tracez, jusqu'à la rencontre du cintre, Ee, Ff parallèles à B M, et par les points e, f, menez des parallèles à Hk. L'intersection de ces dernières droites et des rayons de lumière perspectifs D — S, E — S, F — S donnera les points d', e'^2, f', qui appartiennent au contour de l'ombre.

Pour obtenir le dernier point de l'ombre portée sur le mur vertical vu de fuite, c'est-à-dire celui tombant sur l'arête kl, menez ks' qui coupe A H au point c' ; élevez par ce point jusqu'au cintre la verticale c'C, et tracez C — S. Le point c' d'intersection du rayon perspectif C — S et de kl sera le point cherché. Les points intermédiaires portant ombre seront placés entre les points C et D.

Quant à l'ombre portée par le cintre sur le mur vertical parallèle au tableau, prenez entre le point C et le point A un point quelconque B ; abaissez de ce point une verticale Bb' sur A H, et tirez $b's'$; par l'intersection b'^2 de cette droite et de ak, diamètre du cintre produit par la rencontre de la voûte et du mur vertical M, menez une verticale. Sa rencontre b^2 avec le rayon perspectif B — S sera l'ombre portée par le point B et un des points du contour de l'ombre.

TABLEAU CXLIII. (Pl. 24.)

376. — *Construire la séparation d'ombre et de lumière sur la surface d'un cône* $abcdh$, *fig.* 1, *ainsi que son ombre portée sur le plan horizontal passant par sa base, le soleil étant placé derrière le spectateur, au devant du tableau.* — S est le point solaire, s' sa projection sur la ligne d'horizon. Du sommet h du cône abaissez une perpendiculaire hh' sur le plan de sa base ; par le point h' tirez $h's'$, et par le point h le rayon perspectif $h - S$, qui se coupent entre eux au point h^2 ; tracez deux droites h^2x, h^2y tangentes à la base du cône, et par les points de contact f et g menez les génératrices droites fh, gh, qui seront les lignes de séparation d'ombre et de lumière.

L'espace compris entre les tangentes h^2f, h^2g sera l'ombre portée par le cône.

377. — *Construire l'ombre portée par une droite verticale* ab, *fig.* 2, *sur la surface d'un cône* M *à base horizontale.* — S' est le point solaire, et s'' sa projection sur la ligne d'horizon. Abaissez du sommet h sur le plan de la base la verticale hh' ; menez as'', et tracez les droites ch', dh', eh', qui rencontrent as'' aux points m', n', o'. Élevant par ces points des verticales, leur intersection par les droites ch, dh, eh, menées au sommet du cône donnera les points m, n, o, appartenant à l'ombre indéfinie de la ligne ab, dont la longueur ab^2 sera déterminée par l'intersection de la courbe $amno$ et du rayon $b - S$.

TABLEAU CXLIV. (Pl. 24.)

378. — *Construire la séparation d'ombre et de lumière sur la surface d'une sphère, le soleil étant placé derrière le spectateur au devant du tableau.* P est le point de vue, $\frac{-S}{2}\,s'$ est la moitié de la hauteur perspective du soleil. Prolongez la verticale $\frac{-S}{2}\,s'$, et portez sur cette verticale au-dessus de l'horizon, au point $+$S, la hauteur du soleil. Menez par le centre C de la sphère une droite Cx dirigée au point $+$S, et portez sur cette droite, de chaque côté du centre, aux points a et b, la grandeur perspective du rayon ; tirez le diamètre de parallèle à la ligne de terre, et construisez le cercle perspectif $abde$, situé dans un plan perpendiculaire aux rayons de lumière, et dont le contour sera la séparation d'ombre et de lumière.

379. — *Construire l'ombre portée par la sphère.* Cette ombre est l'intersection, par le plan qui doit recevoir l'ombre, d'un cylindre dont la génératrice droite est parallèle aux rayons de lumière, et dont la génératrice courbe est la séparation d'ombre et de lumière sur la surface de la sphère.

Abaissez du point C, centre de la sphère, une verticale sur le plan qui doit recevoir l'ombre. Par le pied de cette verticale, menez une droite xy parallèle à la base du tableau, sur laquelle vous projetterez en $d'e'$ le diamètre de, et ayant tiré dans le cercle oblique *abde* les droites *fg*, *hi* parallèles à *ab*, et qui coupent *de* aux points f^3 et h^3, projetez f^3 et h^3 sur *xy* en f'^3 et h'^3, et menez $d's^3$, f'^3s', $c's'$... $e's'$. Les intersections f', g', d', b', h', i' des droites f'^3s', $c's'$ et h'^3s' par les verticales abaissées des points *f*, *g*.... *i*, seront les projections horizontales de ces points, et la courbe qui les unit sera la projection du cercle *abed*. Menant par les points *d*, *f*, *a*.... *g* ou si l'on s'est servi, comme ici, de la moitié de la hauteur du point solaire, par les points $\frac{d}{2}$, $\frac{f}{2}$, $\frac{a}{2}$...$\frac{g}{2}$, des rayons de lumière perspectifs, l'intersection de ces rayons par les droites $d's'$, $f's'$, $a's'$.... $g's'$ donnera les points d^3, f^3, a^3.... g^3 par lesquels devra être tracé le contour de l'ombre portée de la sphère.

TABLEAU CXLV. (PL. 24.)

580. — *Construire l'ombre d'une niche sphérique vue de front, le soleil étant en avant du tableau.* — S est le point solaire, s' su projection sur la ligne d'horizon. Pour simplifier les opérations, nous supposerons la naissance de la portion sphérique placée à la hauteur de l'horizon, et le centre situé sur le rayon central au point P. Ayant mené dans la base de la niche les droites $c'd'$, $e'f'$, $g'h'$ parallèles à $a'b'$, élevez par les points c', e', g' des verticales qui coupent la ligne *ab*, perspective de la naissance de la portion sphérique de la voûte, aux points *c*, *e*, *g*. Avec *c*P, *e*P, *g*P pour rayons, décrivez les demi-circonférences de cercle *cxd*, *exf*, *gxh*, et commencez par chercher l'origine de l'ombre portée par le cintre *amb*, sur la surface sphérique. Prenez sur la verticale Pp' un point arbitraire *p*; menez *p* — S et $p's'$ qui se coupent en p^3; joignez p^3 P perpendiculaire au plan passant par le cintre vertical de la niche, et qui vient couper $a'b'$ au point b'; menez $b'p$, et tracez parallèlement à cette droite une tangente *yy* au cintre *amb*; le point de contact *i* sera l'origine de l'ombre. Prenez alors entre les points *i* et *a* les points intermédiaires *k*, *l*, *m*, *n*, *o* que vous projetterez sur $a'b'$ en k', l'.... o'; menez des droites telles que $k's'$ qui coupe $c'd'$, $e'f'$, $g'h'$ et la base de la surface cylindrique en $1'$, $2'$, $3'$ et $4'$; Par ces points élevez des verticales, et par leurs points d'intersection 1, 2, 3, 4 avec les demi-circonférences *cxd*, *exf*, *gxh* et la droite *ab* faites passer une courbe. La rencontre k^3 de cette courbe et du rayon perspectif *k* — S sera l'ombre portée du point *k* sur la surface de la sphère. On construira de même les points l^3, m^3, n^3, o^3 par lesquels passera l'ombre de l'arc de cercle *imk*. Pour obtenir l'ombre de l'arc de cercle *ak*, portée en grande partie sur la surface cylindrique, prenez sur cet arc de cercle des points tels que le point *a*; abaissez la verticale aa', et menez $a's'$ qui coupe la base de la surface cylindrique au point a^3, par lequel vous élèverez une verticale; la rencontre de cette verticale avec le rayon *a* — S déterminera l'ombre a^3 du point *a* sur la surface cylindrique. Les ombres des autres points compris entre *a* et *k*, et par lesquels doit passer la courbe d'ombre a^3k^3, s'obtiendront par une série d'opérations semblables. $a^3a'^3a'$ est l'ombre de l'arête aa'.

III. *Ombres des corps solides éclairés par des lumières artificielles.*

581. — Le corps lumineux étant presque toujours plus petit que le corps éclairé, les rayons ne sont plus parallèles entre eux, ce qui produit des ombres d'autant plus divergentes que le corps lumineux est plus petit et plus approché de ces objets; l'ombre portée augmente encore avec la distance à l'objet de la surface sur laquelle l'ombre est projetée. En général, l'ombre portée d'un corps solide est l'intersection de cette surface et d'une pyramide ou d'un cône dont le sommet est le corps lumineux, et dont la base est la figure comprise entre les lignes de séparation d'ombre et de lumière.

582. — Quand au contraire le corps lumineux est plus grand que l'objet éclairé, tel que serait un feu de cheminée, les flammes d'un incendie, etc., l'ombre est plus petite que le corps opaque, et elle diminue à mesure que l'on rapproche l'objet du foyer de lumière ou que l'on éloigne la surface sur laquelle elle est projetée.

TABLEAU CXLVI. (PL. 24.)

583. — *Étant donné dans la perspective d'une chambre le point de vue* P, *la lumière* F, *le pied* f' *de la verticale abaissée du point* F *sur le plancher* (plan horizontal), *déterminer*, 1° *l'ombre de la droite* ab; 2° *l'ombre du prisme vertical* A, *portées toutes les deux sur le plancher.* 1°. — b' étant le pied de la verticale abaissée du point *b* sur le plancher (projection horizontale), joignez $b'f'$, et menez le rayon *b*F qui rencontre $b'f'$ au point b^3; ab^3 sera l'ombre portée par la droite *ab*. 2°.— menez maintenant, par le pied des arêtes verticales *cd*, *eg* du prisme A, les droites df', gf', et par les points *c* et *e* des rayons dirigés au point F; l'intersection de ces droites déterminera c^3 et e^3, ombres des points *c* et *e*, et en joignant c^3e^3, le trapèze c^3d ge^3, ombre portée du prisme.

On obtiendra de même l'ombre du parallélipipède B qui porte la lumière artificielle.

584. — *Construire sur le mur vertical* M *perpendiculaire au tableau, l'ombre de la droite* ih. $i'h'$ étant la projection sur le plancher de la droite *ih*, menez $h'f'$, et par son point de rencontre h^3 avec la base *bn* du mur M, élevez une verticale h'^3x. Son intersection h^3 avec le rayon *h*F sera l'ombre du point *h*, et ih^3 celle de la droite donnée.

585. — *Construire sur le mur vertical* M', *parallèle au tableau, l'ombre portée par la droite* jh. On pourrait employer une construction analogue à celle décrite dans l'article précédent, mais il vaut mieux se servir du tracé suivant. Menez par le point f' sur la base $l'm'$ du mur M', une perpendiculaire $f'f'^3$; élevez au point f'^3 une verticale, et tirez FP parallèle à $f'f'^3$; leur intersection au point f^3 sera la projection verticale de la lumière artificielle. Menez alors hf^3 et jF; le point j^3 de leur commune intersection, sera l'ombre du point *j*, et j^3h l'ombre de la droite donnée. En construisant de même les ombres j^3n^3, n^3o^3, o^3p^3 des arêtes

ju, no, op du parallélipipède C, on obtient le contour de l'ombre portée par le solide.

386. — *Construire l'ombre portée du parallélogramme rstv sur le plafond et le mur vertical* M'. Menez, comme tout à l'heure, ff'^2, et par le point f'^2, élevez une verticale qui rencontre l'arête du plafond $l''m''$ au point f'^3; menez par ce point une parallèle à $f'f'^2$, et prolongez la verticale f'F jusqu'à son intersection avec cette parallèle au point f^3 qui sera la projection, sur le plafond, de la lumière artificielle. Cela fait, menez sf^3 et rf^3, qui rencontrent $l''m''$ aux points t'^2 et v'^2, par lesquels vous mènerez des parallèles à rt ou sv. Leur intersection par les rayons tF, vF déterminera en t' et v' l'ombre des points v et t. Joignez v'^2t' qui achèvera l'ombre brisée $rt'^2t'v'^2v'^2s$ du parallélogramme.

On peut, comme exercices, construire les ombres portées par le solide D, la règle zz' et par les rectangles X et Y.

387. — Les séparations d'ombre et de lumière sur les corps ronds et leurs ombres portées, s'exécutent par les mêmes méthodes que celles indiquées pour la lumière solaire, et il suffit de les adapter au système des rayons de la lumière artificielle.

CHAPITRE II.

Perspective des réflexions.

§ I. — Perspective de la réflexion des objets dans l'eau.

388. — Le spectateur qui se trouve sur le bord d'une eau tranquille, et qui considère des objets placés au-dessus de la surface de l'eau ou sur le rivage opposé, croit voir sous cette surface une seconde image renversée de ces mêmes objets; cette image, moins nette et moins vive que les objets eux-mêmes, mais qui leur emprunte et leur effet et leurs couleurs, est une réflexion. La réflexion des objets sur les surfaces polies est due à ce qu'une partie des rayons de lumière, partant de ces objets et tombant sur ces surfaces, y rejaillit, pour ainsi dire, et vient former dans notre œil une nouvelle image.

389. — La réflexion des objets est fondée sur ce principe, que le rayon R, planche 24, tableau CXLVII, *fig.* 1, qui rencontre une surface polie lm au point r, se relève en R' en faisant l'angle de réflexion R'rm égale à l'angle d'incidence Rrl.

390. — Soit, *fig.* 2, P l'œil du spectateur, lm la surface d'une eau tranquille, et a un point placé au-dessus de la surface de l'eau. Le spectateur qui regarde en a^2 le reflet du point a, croit l'apercevoir en a'. Ainsi le reflet du point a, qui est réellement en a^2, paraît être, à l'œil, sous la surface de l'eau, dans la direction du rayon Pa^2, sur la verticale abaissée du point a et à la même distance que celui-ci

du point b, où la verticale rencontre le niveau de l'eau. Cet effet est dû à ce que l'angle de réflexion Pa^2m étant égal à l'angle d'incidence $aa'l$, le triangle aba^2 est égal au triangle $a'ba^2$, et qu'ainsi ab égale ba'; donc, *le reflet d'un objet sur la surface de l'eau se trouve au-dessous du niveau de cette surface et à un même éloignement que l'objet lui-même.*

391. — On voit que si ab est une droite verticale, telle qu'un bâton, sa réflexion pour le spectateur placé en P sera une image complète $a'b$ égale à ab.

Supposons maintenant deux autres bâtons cd, ef, le premier placé à une certaine profondeur sur le rivage, dans un plan horizontal passant par la surface de l'eau, et le second situé de plus sur une élévation. Pour construire leurs réflexions, nous prolongerons le niveau de l'eau lm et nous abaisserons les verticales dx, fx, sur lesquelles, et à partir des points d et f'' où ces verticales rencontrent le niveau de l'eau, nous reporterons les hauteurs cd et ef'' aux points c' et e'. Menant à l'œil du spectateur les droites c'P, e'P, leur intersection avec lm donnera le lieu des reflets c^2 et e^2 des points c et e. Dans ce cas, le spectateur ne verra par réflexion que la partie bc^2, bd^2 de la réflexion des droites cd, ef comprises entre les points c^2, e^2 et le bord du rivage.

Ainsi, lorsque l'objet n'est pas placé au-dessus de l'eau, ou sur le bord du rivage, l'image en est incomplétement réfléchie; cette image est d'autant plus complète que l'œil du spectateur se rapproche davantage du niveau de l'eau.

Nous ferons encore remarquer que l'eau agitée ne réfléchit pas d'images, à moins que l'objet n'envoie une lumière très-intense, comme le soleil, la lune ou une flamme quelconque; dans ce cas, la réflexion est une traînée de lumière brisée par l'agitation des eaux.

392. — Les reflets des corps très-éloignés, tels que les astres, les nuages, les montagnes à l'horizon, peuvent se déterminer en prenant pour ligne de niveau l'horizon lui-même.

Appliquons maintenant les principes précédents aux réflexions des objets représentés dans une perspective.

TABLEAU CXLVIII. (Pl. 24.)

393. — *xy étant la ligne d'horizon, construire les réflexions perspectives de trois droites verticales, ab, cd, ef, la première placée sur le bord de l'eau et à sa surface même, la deuxième placée dans le même plan que la surface de l'eau, mais à une certaine distance sur le rivage, la dernière, enfin, éloignée du bord de l'eau et située sur une élévation mesurée par la hauteur de la verticale c'e.* Portez sur les prolongements de ces droites de a en b^2 la hauteur ab, de c en d^2 la hauteur cd, et de e' en f^2 la hauteur $e'f$. Les parties b^2a, $d'n$, $f'n$ des droites b^2a, cd^2, $e'f$ comprises entre les points b^2, d^2, f^2 et les contours du rivage, seront les images réfléchies de ces droites.

394. — *Construire la réflexion du bâton incliné* gh. Menez à la surface de l'eau la droite gx, direction de la projection horizontale de gh, et du point h, abaissez une verticale qui rencontre gx au point g'; portez $g'h$ de g' en h^2, et joignez gh^2, qui sera la réflexion du bâton.

TABLEAU CXLIX. (Pl. 24.)

395. — On a présenté dans ce tableau une application des constructions précédentes à la réflexion dans l'eau de plusieurs fabriques A, B, C. La fabrique A a sa base sur le même plan horizontal que la surface de l'eau, la fabrique B est située sur un plan incliné, et la fabrique C est placée sur une élévation. On remarquera que dans les plans inclinés, les lignes originales et les lignes de reflet ont des horizons rationnels placés symétriquement à même distance en dessus et en dessous de la ligne d'horizon.

§ II. — Perspective de la réflexion des objets dans les miroirs.

TABLEAU CL. (Pl. 24.)

396. — La réflexion des objets dans les miroirs est fondée sur les mêmes principes que la réflexion dans l'eau.

Supposons que $ABCD$, *fig.* 1, soit un miroir vertical, P l'œil d'un spectateur, et a un point placé devant le miroir. Abaissez du point a sur le miroir la perpendiculaire aa'', et prolongez-la derrière le miroir. Portez sur le prolongement la distance aa'' de a'' en a', et menez par ce dernier point le rayon $a'P$ à l'œil du spectateur. Le point a^2 d'intersection avec le miroir sera la réflexion du point a, et le spectateur l'apercevra comme si l'image réfléchie était placée en a' derrière le miroir, et à une distance égale de celle du point original à ce même miroir. En construisant la réflexion a^2b^2 de la droite verticale ab, on remarquera que la droite réfléchie a la même hauteur que si elle était la perspective d'une droite $a'b'$, placée de l'autre côté du miroir et à la même distance que la droite originale.

397. — Voyons maintenant l'application de ces principes à la réflexion perspective d'un point A, *fig.* 2, placé sur un plan horizontal au devant d'un miroir M parallèle au tableau. P est le point de vue, $P\frac{D}{2}$, $P\frac{D'}{2}$ la moitié de la distance principale ($\frac{D'}{2}$ est en dehors du tableau).

Menez AP perpendiculaire au miroir M, et $A\frac{D'}{2}$ qui coupe la base lm du miroir M au point a', et joignez $a'\frac{D}{2}$. Son intersection par la droite AP donne le point a^2, image réfléchie du point A. Cette opération, comme on peut s'en assurer, remplit parfaitement les conditions de l'article précédent; car le point a^2 nous paraît derrière le miroir et à une profondeur a'^2a^2 égale à a'^2A. Quant à la réflexion d'un point B sur le miroir vertical M' perpendiculaire au miroir M, il suffit de mener une perpendiculaire Bb' sur la base lm' de ce miroir, et de porter sur son prolongement la longueur $b'B$ de b' en b^2, qui sera le reflet du point B.

Pour construire le reflet d'une droite verticale A C ou B D, construisez les points a^2 et b^2; élevez par chacun de ces points une verticale, et menez par les points C et D une perpendiculaire C P, Dx sur chacun des deux miroirs. Leur rencontre avec les verticales élevées aux points a^2 et b^2 déterminera les hauteurs a^2c^2, b^2d^2 des images réfléchies des droites C D et B D.

On pourra s'exercer à construire le reflet du cube N et des dalles du plancher.

Nous ne nous étendrons pas davantage sur la réflexion des miroirs, dont l'application est d'un usage assez rare dans la pratique de la perspective. Du reste, ce que nous en avons dit suffit pour résoudre les cas qui peuvent se présenter.

398. — Avant de terminer, nous dirons quelques mots de ce qu'on appelle les *licences perspectives*. Ces licences consistent à s'écarter quelquefois du tracé mathématique de la perspective d'un objet, lorsque, par la position de l'œil, cette perspective présente une déformation qui nuirait à l'idée que l'on doit avoir de la forme de cet objet. Cette déformation, qui n'existe jamais pour nos yeux, paraît tenir à ce que nous opérons le tracé perspectif sur une surface plane, tandis que l'image qui vient se peindre sur le fond de notre œil est située sur une surface courbe. C'est ainsi que lorsque nous nous plaçons en face d'une colonnade, toutes les colonnes nous paraissent avoir la même grosseur, tandis que, suivant le tracé rigoureux de sa perspective, les colonnes vont en augmentant de grosseur à mesure qu'elles s'éloignent de l'œil. Il est donc nécessaire, dans ce cas, de rectifier le tracé et de représenter les colonnes égales. La même rectification doit avoir lieu pour des sphères, dont l'allongement dans un sens, à mesure de leur éloignement, soit du plan central, soit de la ligne d'horizon, causerait dans leur apparence perspective une déformation désagréable.

Mais c'est surtout dans les décorations théâtrales, où l'effet perspectif doit faire illusion des différents points d'une salle, qu'il faut user des licences perspectives; aussi l'art de tracer les décorations a-t-il recours à des procédés à part et tout à fait différents de ceux que nous avons indiqués.

FIN.

TABLE ALPHABÉTIQUE

ET ANALYTIQUE

DES MATIÈRES CONTENUES DANS LES PRINCIPES DE PERSPECTIVE LINÉAIRE.

Nota. Les chiffres indiquent les numéros d'ordre.

TABLE ALPHABETIQUE ET ANALYTIQUE.

un plan incliné dont la base est parallèle à la ligne de terre, les perspectives de lignes perpendiculaires à cette base, en faisant avec elle un angle 45°, 228. — Perspective de lignes inclinées parallèles aux lignes de pente d'un toit, 247. — Faire passer une ligne droite par un point donné, sur la face d'une pyramide tronquée et dirigée au sommet placé hors du cadre du tableau. *Voyez* PYRAMIDE TRONQUÉE. — Faire passer une ligne droite par un point donné sur un des côtés de la base d'une pyramide tronquée et dirigée à son sommet placé hors du cadre du tableau. *Voyez* PYRAMIDE TRONQUÉE. — Mener par un point pris sur la face d'une pyramide tronquée, une ligne parallèle à une ligne donnée sur cette même face. *Voyez* PYRAMIDE TRONQUÉE. — Ombre portée sur le plan horizontal par une droite inclinée à l'horizon et située dans un plan parallèle au tableau, le soleil étant dans un plan parallèle au tableau, 351, 1°. — Ombre portée sur un plan horizontal par une droite inclinée à l'horizon et située dans un plan perpendiculaire ou oblique au tableau, le soleil étant dans un plan parallèle au tableau, 351, 2°. — *Idem*, le soleil étant en arrière du tableau, 359. — Ombre portée sur un plan vertical par une ligne droite inclinée à l'horizon, le soleil étant dans un plan parallèle au tableau, 352. — Ombre portée sur un plan incliné dont la base est parallèle au tableau, par une ligne droite inclinée à l'horizon, le soleil étant dans un plan parallèle au tableau, 353. — Ombre portée sur le plancher d'une chambre par une ligne droite inclinée à l'horizon, et éclairée par une lumière artificielle, 383. — Ombre portée sur un mur vertical perpendiculaire au tableau, par une ligne droite inclinée à l'horizon, et éclairée par une lumière artificielle, 384. — Ombre portée sur un mur parallèle au tableau, par une droite inclinée à l'horizon, et éclairée par une lumière artificielle, 385. — Réflexion d'une ligne droite inclinée à l'horizon, 394. — *Droite oblique.* Sa définition, 19. — *Droites parallèles.* Leur définition, 20. — Mener une parallèle à une ligne donnée, 31. — Ligne parallèle à un plan, 86. — Mener par un point pris sur une des faces d'une pyramide tronquée perspective, une parallèle à une ligne donnée sur cette face. *Voyez* PYRAMIDE TRONQUÉE. — *Droite perpendiculaire.* Sa définition, 17. — Élever sur une ligne droite une perpendiculaire, 26. — Par un point donné sur une droite, élever une perpendiculaire, 27. — Par le milieu d'une droite, élever une perpendiculaire à cette droite, 28. — D'un point donné hors d'une droite, abaisser une perpendiculaire sur cette droite, 29. — Par l'extrémité d'une droite, élever une perpendiculaire à cette droite, 30. — Ligne perpendiculaire à un plan, 82. — *Droite verticale.* Sa définition, 6. — Diviser une droite verticale en parties perspectivement égales, 141. — Trouver la grandeur perspective d'une droite verticale placée à différents points du plan objectif, 142. — Perspective de droites verticales de différentes hauteurs, 143. — Perspective d'une droite verticale élevée par un point d'une rampe perspective de même grandeur qu'une autre droite verticale placée sur le plan horizontal, 227. — Ombre des droites verticales sur le plan horizontal, le soleil étant dans un plan parallèle au tableau, 342, 343, 344. — Ombre d'une droite verticale sur le plan horizontal, le soleil étant en arrière du tableau, 357, 358. — *Idem*, le soleil étant en avant du tableau, 364. — Ombre sur un plan vertical d'une ligne droite verticale, le soleil étant dans un plan parallèle au tableau, 345. — *Idem*, le soleil étant en arrière du tableau, 359. — *Idem*, le soleil étant en avant du tableau, 364. — Ombre d'une droite verticale sur un plan vertical et sur un plan horizontal, le soleil étant dans un plan parallèle au tableau, 346. — *Idem*, le soleil étant en arrière du tableau, 364. — *Ibid* (sur les marches d'un escalier), le soleil étant en avant du tableau, 365. — Ombre d'une droite verticale sur un plan incliné, le soleil étant dans un plan parallèle au tableau, 347. — *Idem*, le soleil étant en arrière du tableau, 360, 362. — *Idem*, le soleil étant en avant du tableau, 364. — Ombre d'une ligne verticale sur la surface d'un cône à base horizontale, le soleil étant au devant du tableau, 377. — Réflexion dans l'eau des lignes droites verticales, 393. — Construire la réflexion dans un miroir d'une ligne droite verticale, 397. — *Ligne mixte.* Sa définition, 11.

LIGNE *d'horizon* (ce qu'on appelle), 128.

LIGNE *de terre* (ce qu'on appelle), 122.

LOSANGE. Sa définition, 48, 3°. — Tracé géométral d'un losange, 55. — Perspective d'un carrelage composé d'hexagones et de losanges. *Voyez* CARRELAGE.

LUCARNE. Perspective d'une lucarne dont le pignon est vu en fuite, 233.

LUMIÈRE. Sa distribution sur les corps, 327-330. — Foyer de lumière. *Voyez* FOYER. — Rayon de lumière. *Voyez* RAYON. — Séparation d'ombre et de lumière. *Voyez* SÉPARATION. — *Lumière artificielle*, 320. — *Lumière réfléchie*, 320, 322, 333, 334. — *Lumière solaire*, 320.

MOSQUÉE. Vue perspective d'une mosquée, 311.

MOULURES. Noms et tracés perspectifs des moulures dérivant de la surface cylindrique, 286.

MUR. Perspective de pierres disposées par assises sur la surface d'un mur oblique au tableau. *Voyez* ASSISES.

NICHE *sphérique.* Perspective d'une niche sphérique vue de front, 312. — Ombre d'une niche sphérique, le soleil étant en avant du tableau, 380.

NOUE. Construire la perspective d'une noue ou ligne de rencontre des toits de deux bâtiments rectangulaires, 251 et 275.

OCTOGONE. Sa définition, 61. — *Octogone régulier.* Son tracé géométral, 65. — Inscrire un octogone dans un carré, 66. — *Octogone régulier horizontal.* Perspective d'un octogone régulier horizontal, deux des côtés étant parallèles au tableau, 207. — *Idem*, deux des côtés concourant à des points accidentels, 208. — Construire la perspective d'un octogone régulier horizontal, dont le côté parallèle au tableau est donné, sans se servir de la figure originale, 209. — Perspective d'un carrelage composé d'octogones et de carrés. *Voyez* CARRELAGE. — *Octogone régulier vertical*; construire sa perspective sans se servir de la figure originale, 210.

OGIVE. Sa définition, 73. — Son tracé géométral, 74. — Perspective d'une ogive fuyante, 222.

OMBRE. Sa définition, 322. — *Séparation d'ombre et de lumière. Voyez* SÉPARATION. — *Ombre portée.* Sa définition, 325. — Ombre portée d'un point et d'une ligne droite; comment elle est produite, 340. — Ombre portée d'une courbe, comment elle est produite, 369. — Ombres des corps solides éclairés par la lumière solaire, 338, 339, 367, 368, 375, 379. — La grandeur des ombres varie avec la hauteur du soleil, au-dessus de l'horizon, 357. — Ombres des corps solides éclairés par la lumière artificielle, 381, 382, 387. — Valeur des ombres sur les corps, 328, 329, 331, 336.

ORIGINAL. Droite, — figure, — points, — solides, note de la page 11.

OVALE. Sa définition, 75. — Tracer un ovale géométral, dont on donne le grand axe, 76. — *Idem*, dont on donne les deux axes, 77.

PARALLÉLIPIPÈDE. Sa définition, 100. — *Parallélipipède rectangle.* Sa définition, 100. — Perspective d'un parallélipipède droit à base horizontale, 238. — Ombre portée sur le plancher d'une chambre et sur le mur parallèle au tableau, par un parallélipipède droit à base horizontale éclairé par la lumière artificielle, 383 et 385.

PARALLÉLOGRAMME. Sa définition, 48, 3°. — Sa hauteur, 48. — Son tracé géométral, 54. — *Parallélogramme horizontal.* Construire sa perspective, un des côtés étant parallèle à la ligne de terre, 175. — *Parallélogramme incliné.* Sur le plan horizontal, construire sa perspective, un des côtés étant parallèle à la base de son plan d'inclinaison, 232. — *Parallélogramme vertical.* Son ombre portée sur le plafond d'une chambre et sur un mur parallèle au tableau, dans le cas d'une lumière artificielle, 386.

PAVÉ. Perspective d'un pavé composé de plusieurs rangées de dalles carrées parallèles au tableau, 171. — *Idem*, composé de dalles carrées vues d'angle, 178.

PAVILLON. Sur le prolongement de la face d'un pavillon, construire un pavillon semblable, 249.

PENTAGONE. Sa définition, 61. — *Pentagone régulier.* Son tracé géométral, 63.

PÉNOMBRE (ce qu'on appelle), 329.

PENTE *douce* circulaire (perspective d'une), 310.

PERRON circulaire (perspective d'un), 307.

PERSPECTIVE. — Sa définition, prélim. page 1. — Se divise en deux parties : *perspective linéaire* et *perspective aérienne*, prélim. page 1. — *Perspective du point et de la ligne droite*: comment on peut la concevoir, 122, 123. — *Perspective des lignes droites horizontales*, obliques au tableau, 128. — *Idem*, parallèles au tableau, 126. — *Idem*, perpendiculaires au tableau, 127. — *Perspective des lignes droites obliques au plan horizontal*, situées dans un plan parallèle au tableau, 133. — *Idem*, dans un plan oblique ou perpendiculaire au tableau, 133.

PIÉDESTAL. Sa perspective, 240.

PIÉDROIT (ce qu'on appelle), 246.

PILIER. Perspective d'une suite de piliers carrés également espacés entre eux, et dont l'axe tend à un point accidentel, 241.

PLAN. Sa définition, 80. — *Plan central* (ce qu'on appelle), 127. *Plan horizontal.* Sa définition, 90. — *Plan incliné ou rampe*, dont la base est parallèle à la ligne de terre; construire sa perspective. *Voyez* RAMPE. — *Plan objectif* (ce qu'on appelle), 128. — *Plan parallèle à un autre plan* (ce qu'on appelle), 88. — *Plan perpendiculaire à un autre plan* (ce qu'on appelle), 85. — *Plan tangent.* Sa définition, 116. — *Plan tangent à un cylindre*, 117; — à un cône, 118; — à une sphère, 119. — *Plan vertical.* Sa définition, 89. — *Plan visuel* (ce qu'on appelle), 123.

PLANCHER *en point de Hongrie* (perspective d'un), 201.

PLANS. Ce qu'on appelle ainsi dans l'architecture, dans le dessin des machines, etc., 91.

POINT. Sa définition, 3. — Perspective d'un point; comment on peut la concevoir. *Voyez* PERSPECTIVE. — Perspective d'un point placé dans le plan objectif, 137, 138, 139. — Perspective d'un point placé au-dessus du plan objectif, 140. — Un point étant donné sur le côté d'un carré, construire la perspective d'un autre point placé sur le côté contigu à égale distance de leur intersection, 169. — Perspective d'un point situé dans un plan incliné, 229. — *Ombre d'un point. Voyez* OMBRE. — Perspective de la réflexion d'un point dans un miroir, 397. — *Points accidentels* (ce qu'on appelle), 128. — *Point aérien* (ce qu'on appelle), 133. — Comment il s'obtient, 226. — *Point brillant* (ce qu'on appelle), 334. — *Point de concours*, ou point de fuite des lignes parallèles, 124. — *Point de distance*

TABLE GÉNÉRALE DES SOMMAIRES.

FIN DE LA TABLE DES SOMMAIRES.

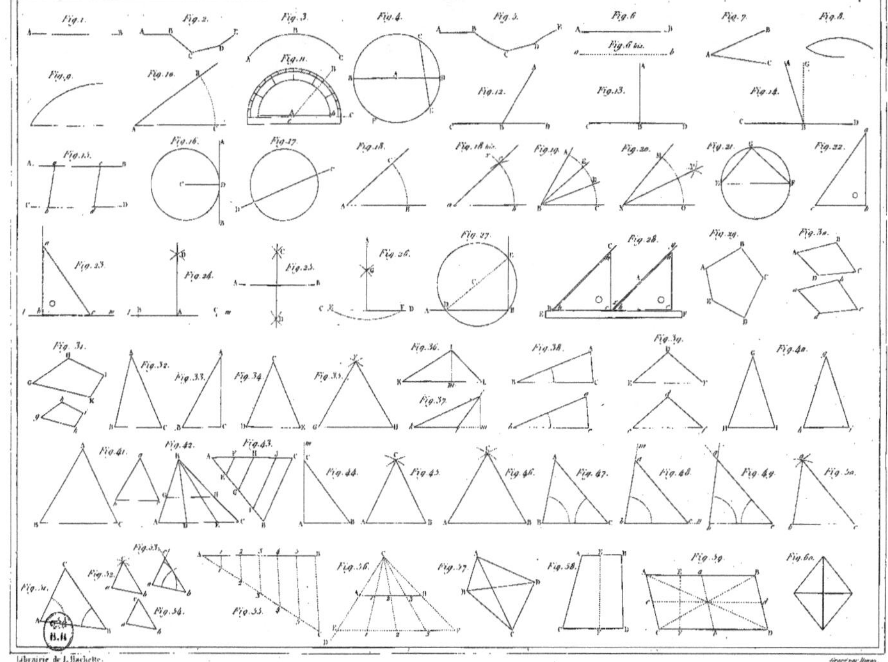

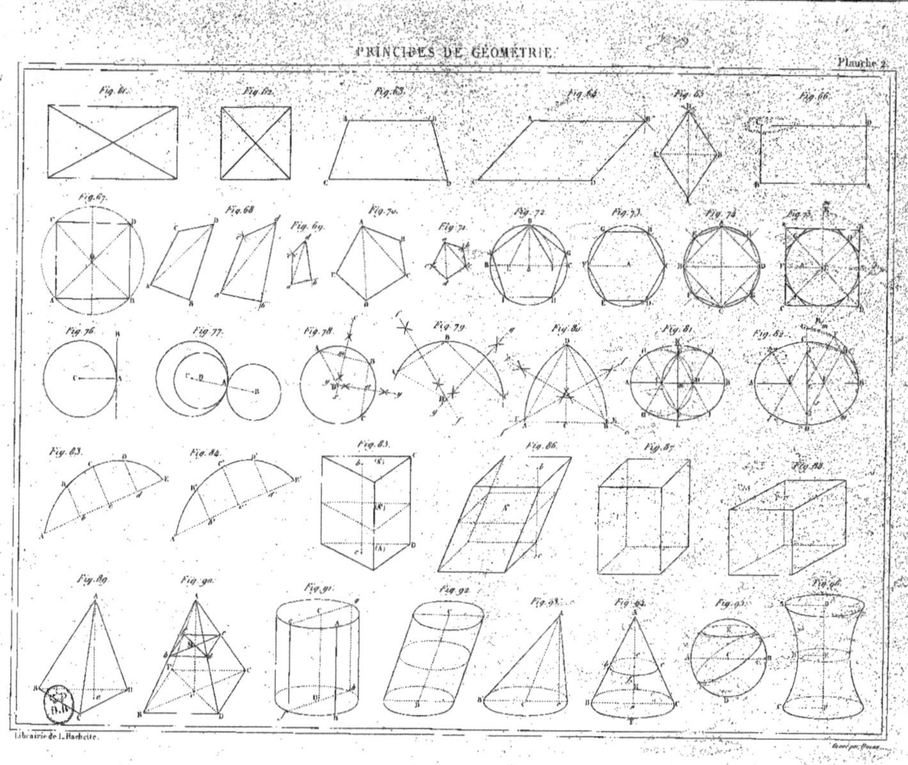

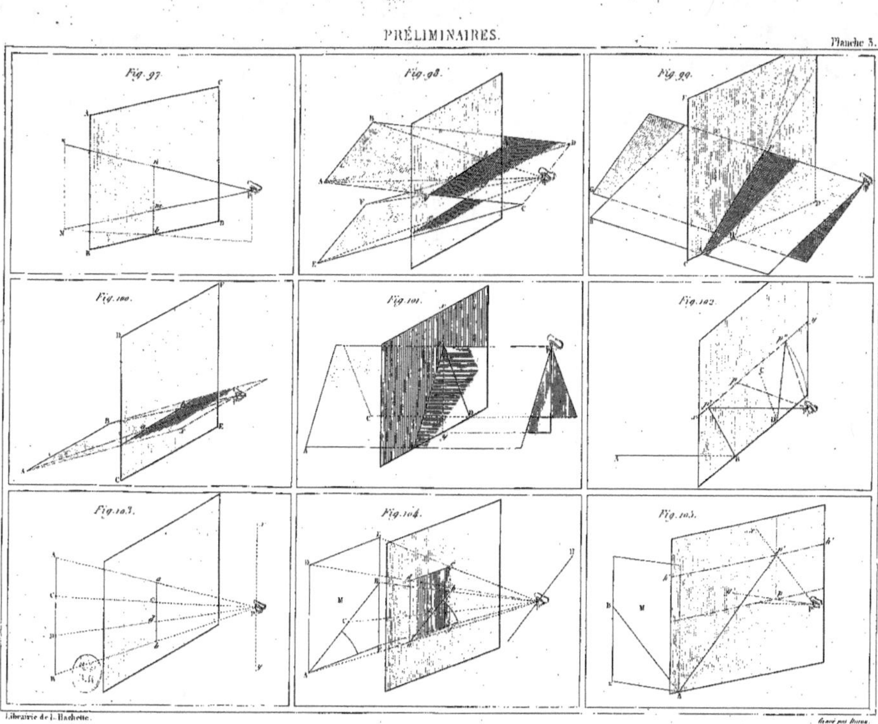

Fig. 97.
Fig. 98.
Fig. 99.
Fig. 100.
Fig. 101.
Fig. 102.
Fig. 103.
Fig. 104.
Fig. 105.

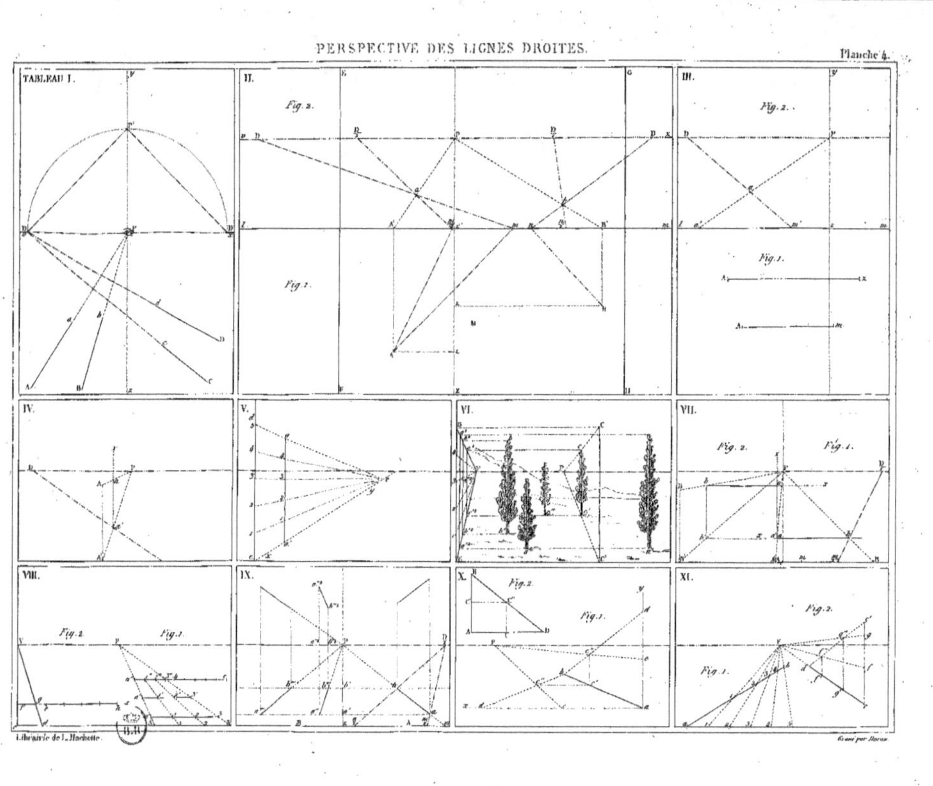

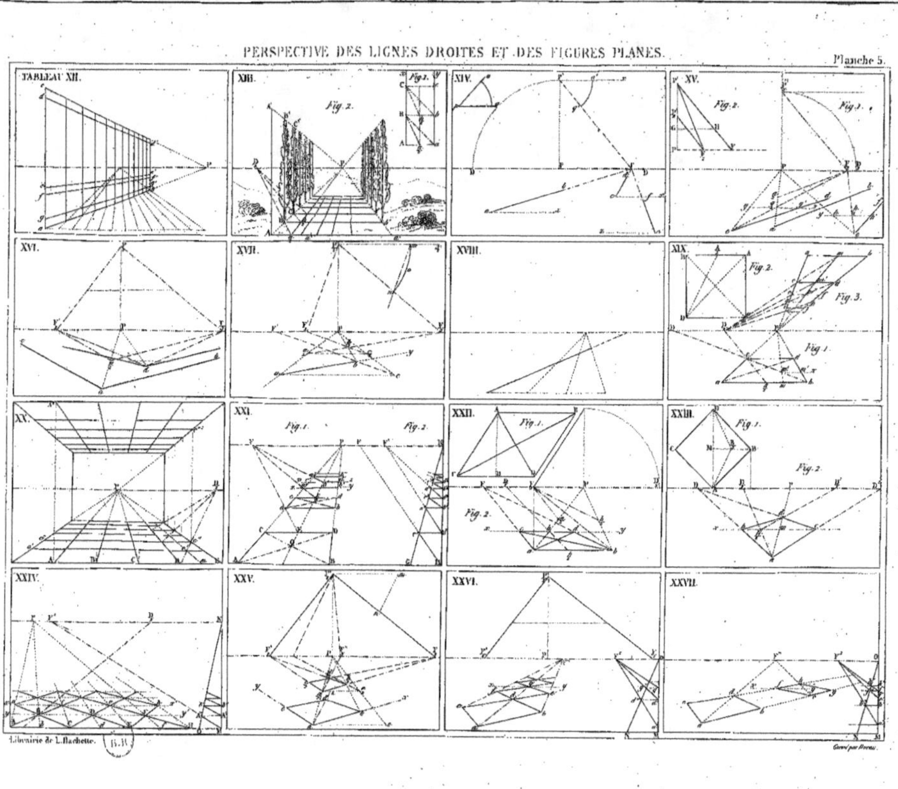

Gravé par Roret.

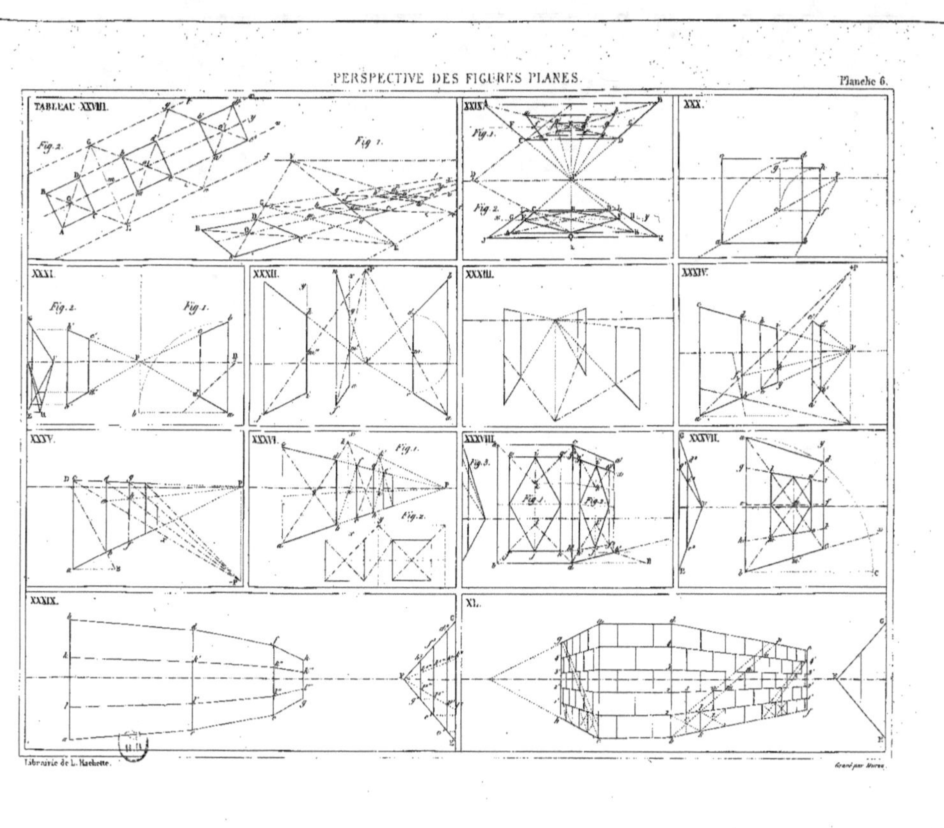

TABLEAU XXVIII.
Fig. 2.
Fig. 1.
XXIX.
Fig. 1.
Fig. 2.
XXX.
XXXI.
Fig. 2.
Fig. 1.
XXXII.
XXXIII.
XXXIV.
XXXV.
XXXVI.
Fig. 1.
Fig. 2.
XXXVIII.
Fig. 3.
Fig. 1.
Fig. 2.
XXXVII.
XXXIX.
XL.

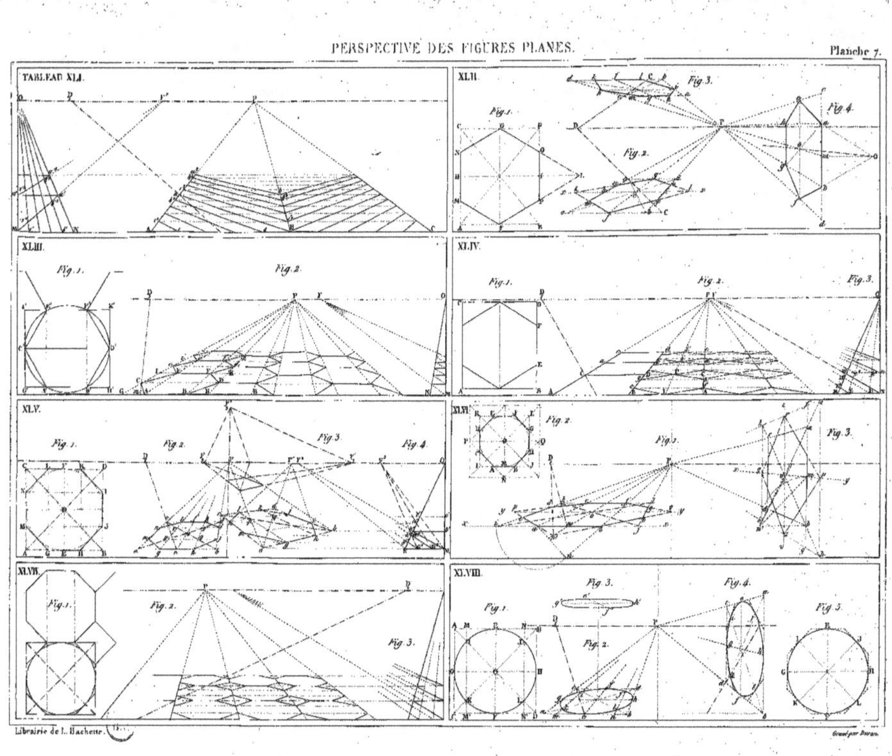

TABLEAU XLI.
XLII.
Fig. 1. Fig. 2. Fig. 3. Fig. 4.
XLIII.
Fig. 1. Fig. 2.
XLIV.
Fig. 1. Fig. 2. Fig. 3.
XLV.
Fig. 1. Fig. 2. Fig. 3. Fig. 4.
XLVI.
Fig. 1. Fig. 2. Fig. 3.
XLVII.
Fig. 1. Fig. 2. Fig. 3.
XLVIII.
Fig. 1. Fig. 2. Fig. 3. Fig. 4. Fig. 5.

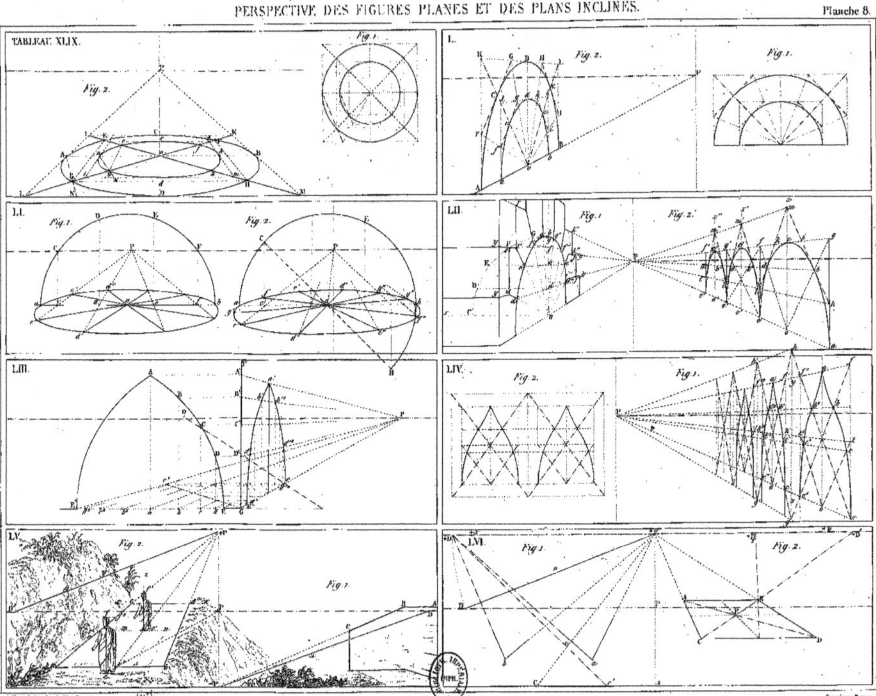

TABLEAU XLIX.
Fig. 1.
Fig. 2.
L.
Fig. 1.
Fig. 2.
LI.
Fig. 1.
Fig. 2.
LII.
Fig. 1.
Fig. 2.
LIII.
LIV.
Fig. 1.
Fig. 2.
LV.
Fig. 1.
Fig. 2.
LVI.
Fig. 1.
Fig. 2.

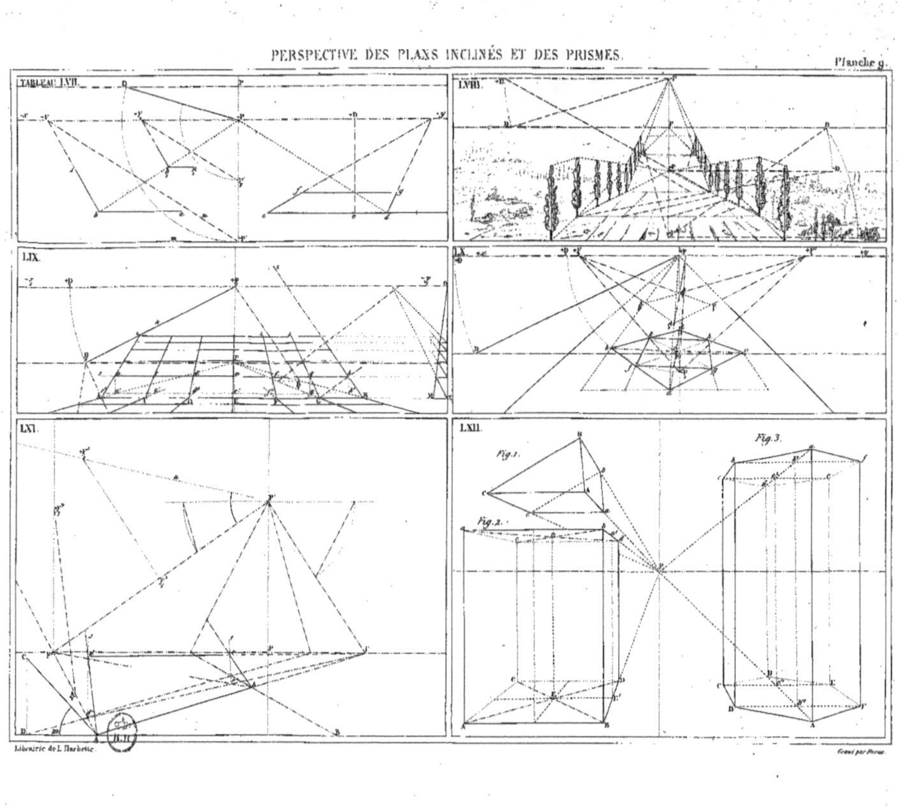

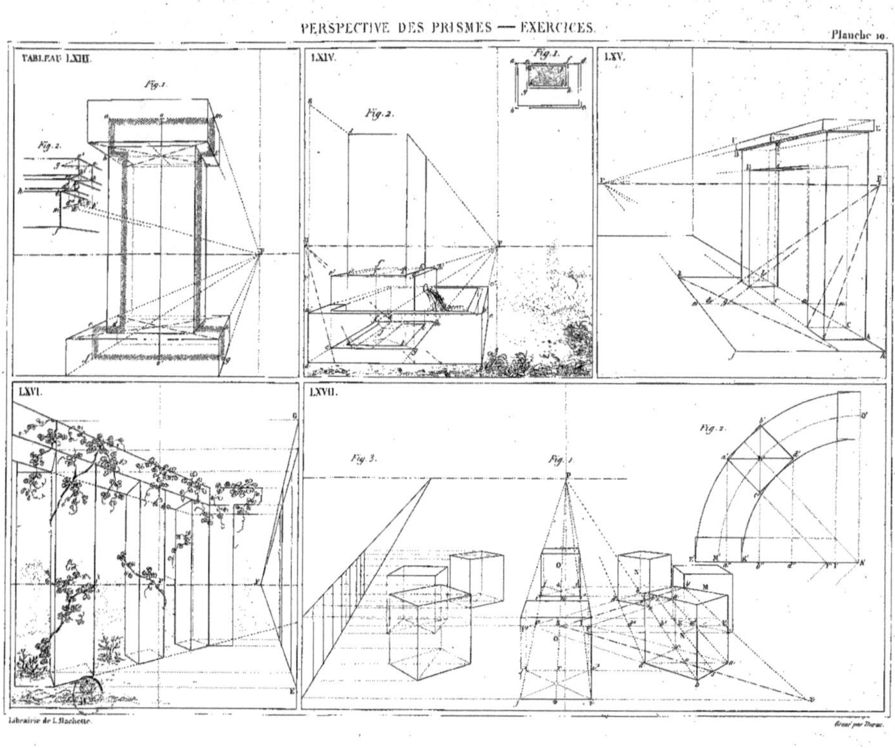
TABLEAU LXIII.
Fig. 1.
Fig. 2.
LXIV.
Fig. 2.
Fig. 1.
LXV.
LXVI.
LXVII.
Fig. 3.
Fig. 1.
Fig. 2.

Planche 11.

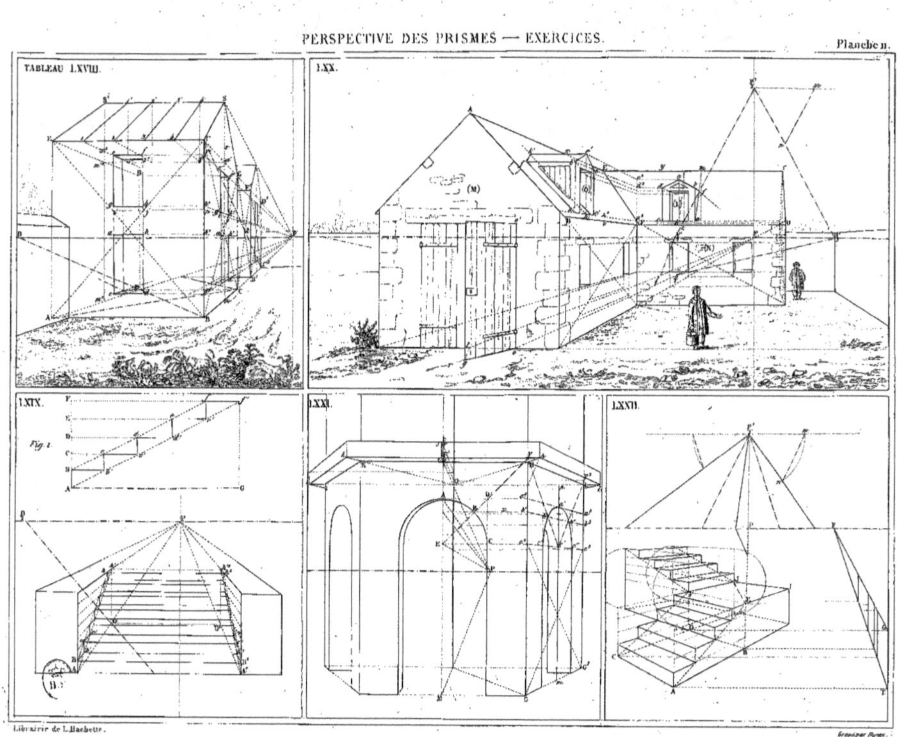

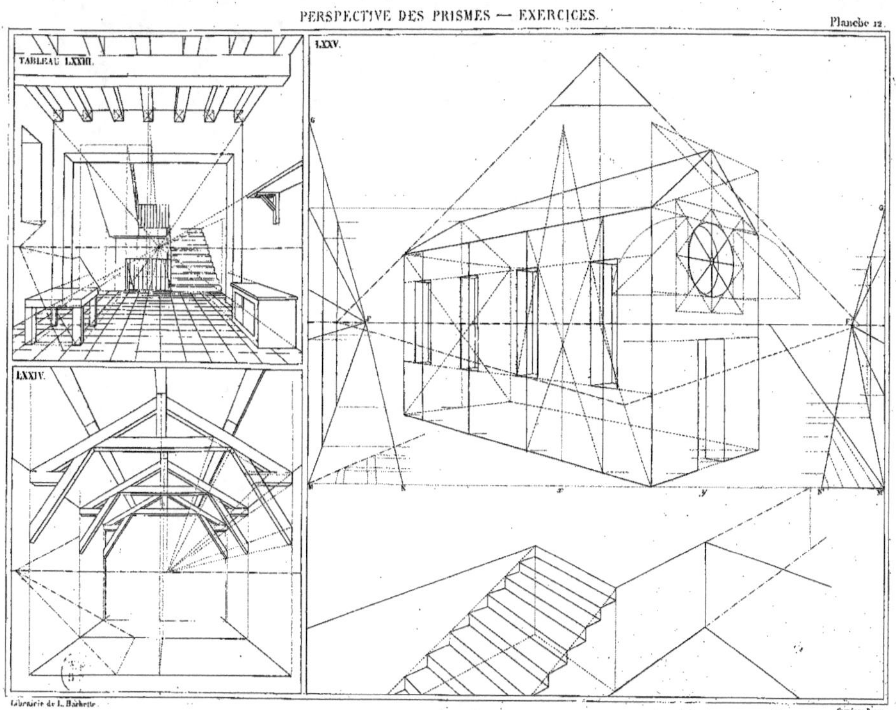
TABLEAU LXXIII.
LXXIV.
LXXV.

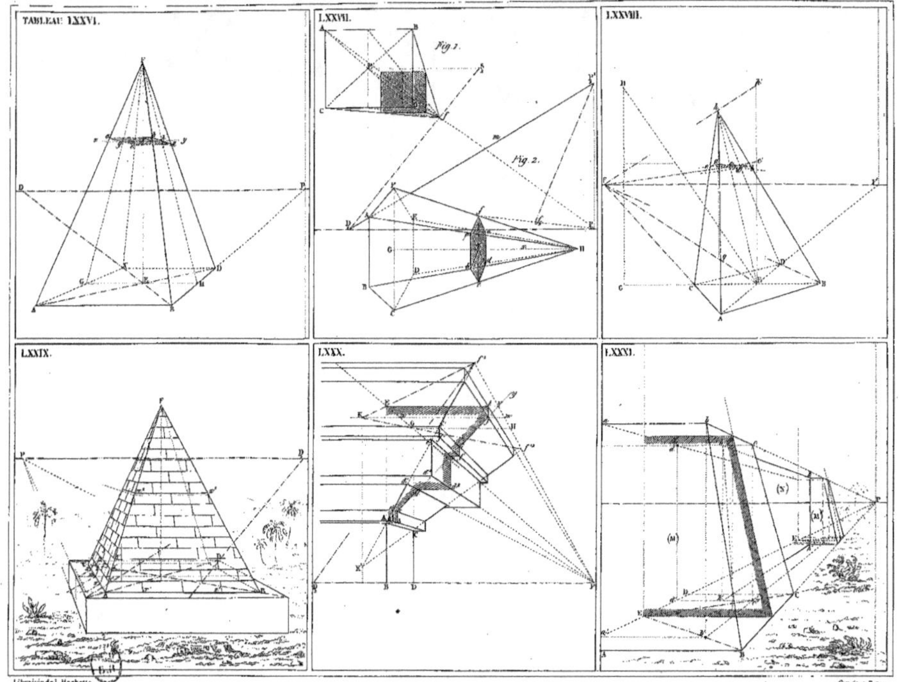
TABLEAU LXXVI.
LXXVII.
Fig 1.
Fig. 2.
LXXVIII.
LXXIX.
LXXX.
LXXXI.

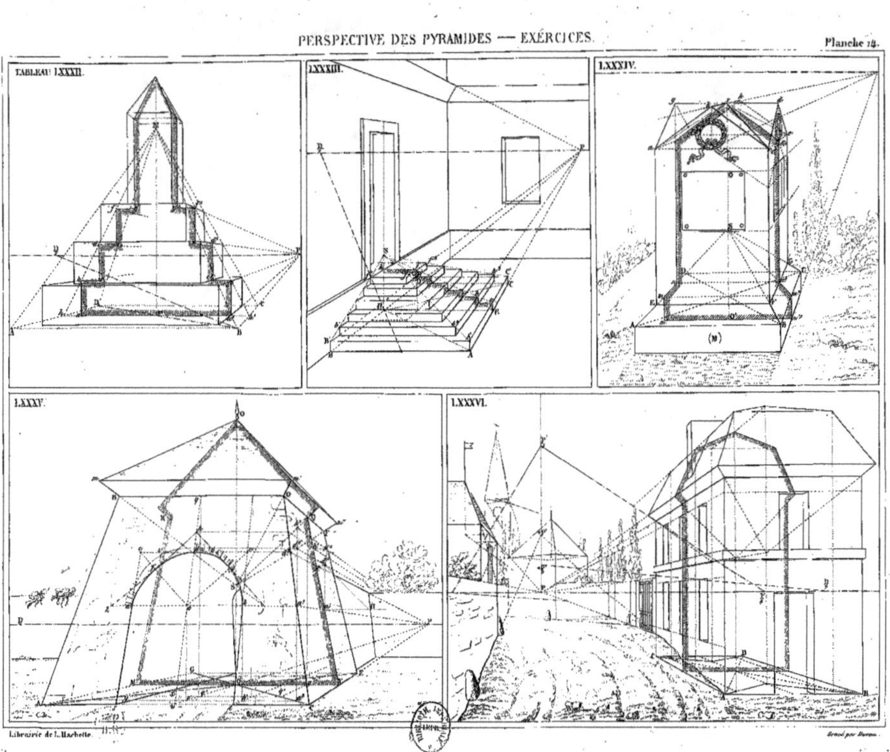

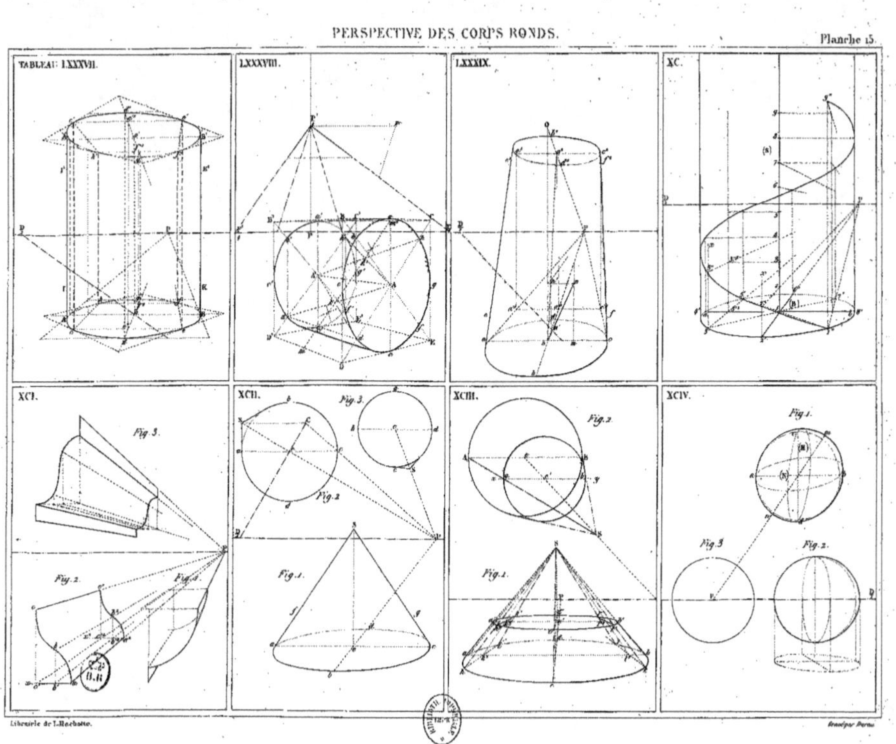
TABLEAU LXXXVII.
LXXXVIII.
LXXXIX.
XC.
XCI.
XCII.
XCIII.
XCIV.
Fig.3.
Fig.2.
Fig.1.
Fig.3.
Fig.2.
Fig.1.
Fig.2.
Fig.1.
Fig.1.
Fig.3.
Fig.2.

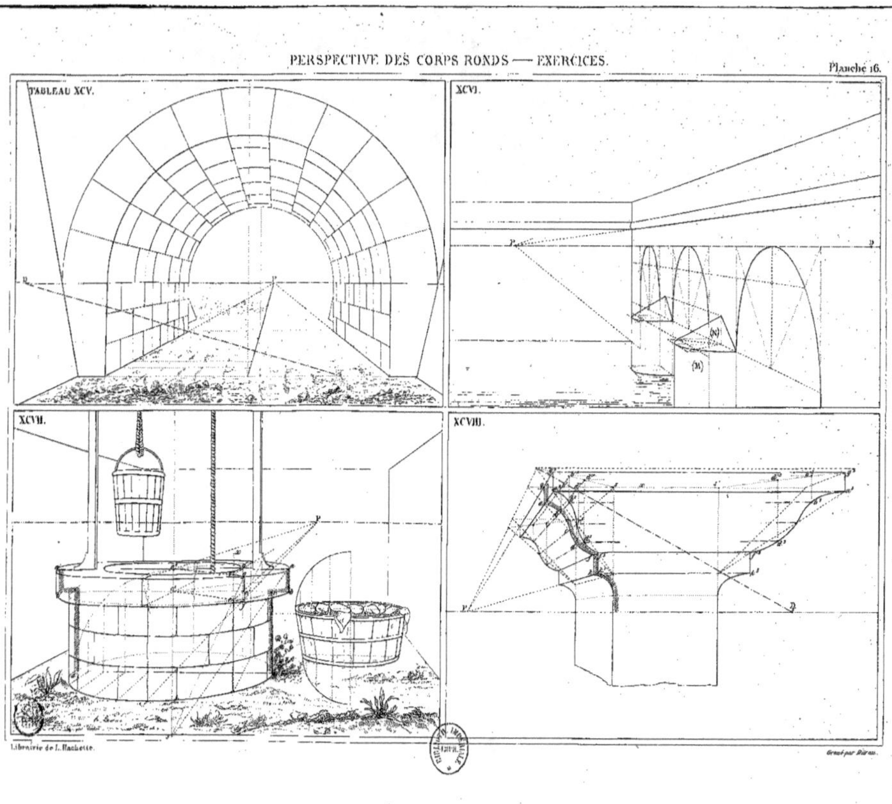
TABLEAU XCV.
XCVI.
XCVII.
XCVIII.
Librairie de L. Hachette.
Gravé par Dérou.

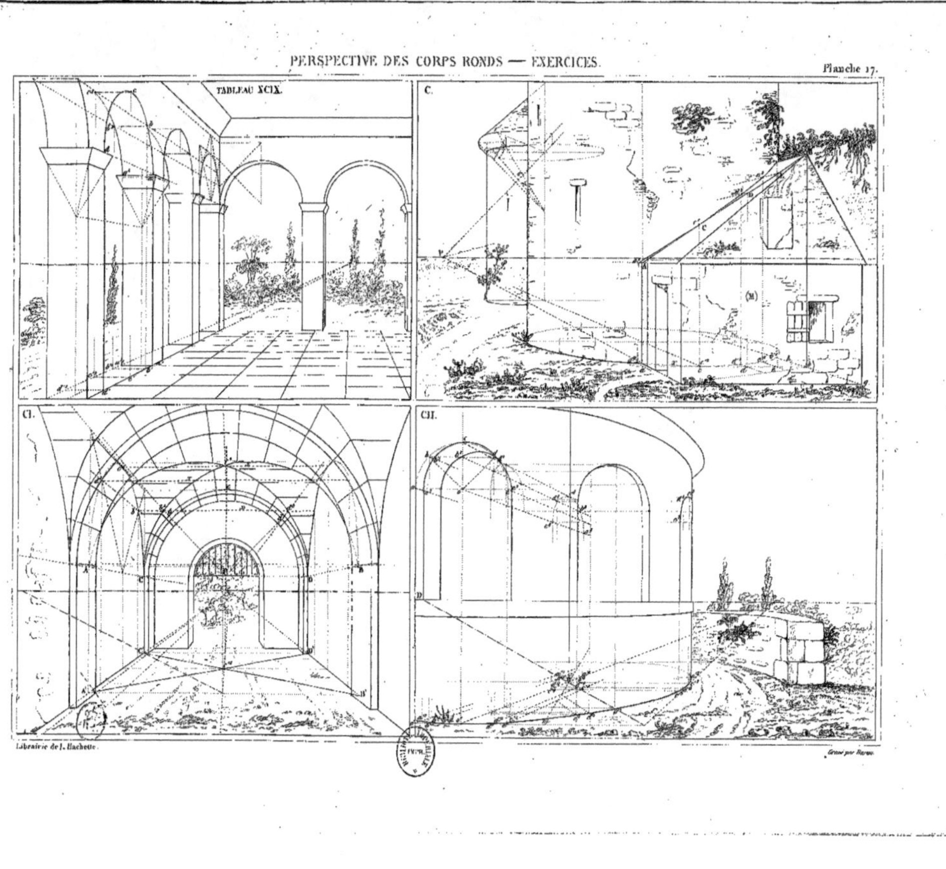

TABLEAU XCIX.
C.
CI.
CII.

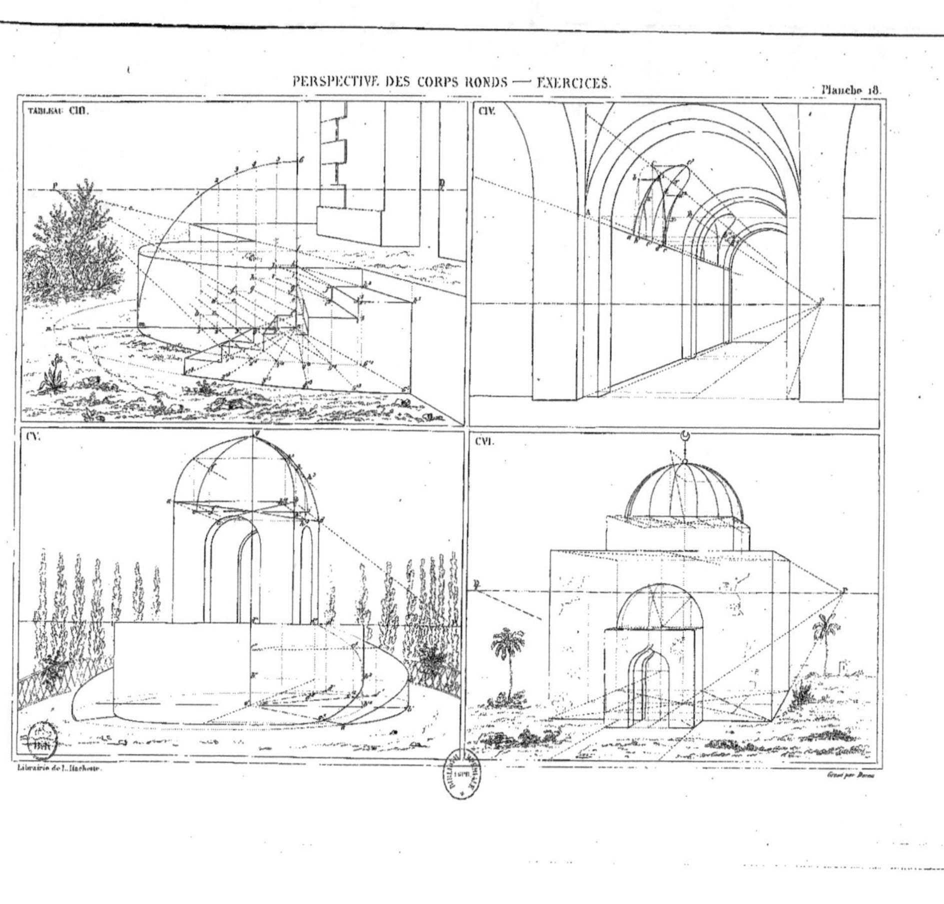

Gravé par Baron.

PERSPECTIVE DES CORPS RONDS ET DES SURFACES DE RÉVOLUTION.

Planche 19.

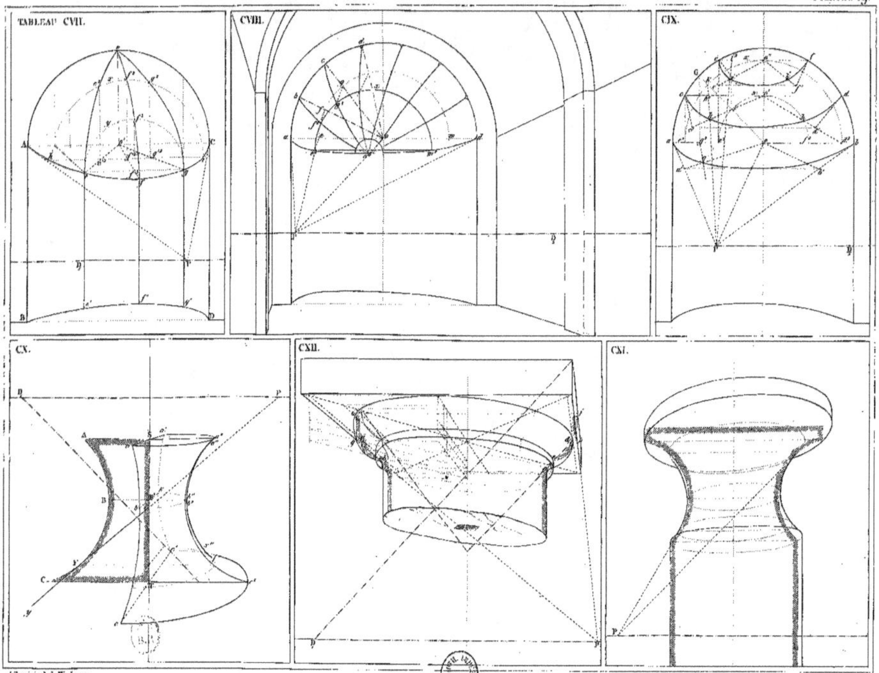

TABLEAU CVII.
CVIII.
CIX.
CX.
CXII.
CXI.

Librairie de L. Hachette.

Gravé par Durau.

TABLEAU CXIII.

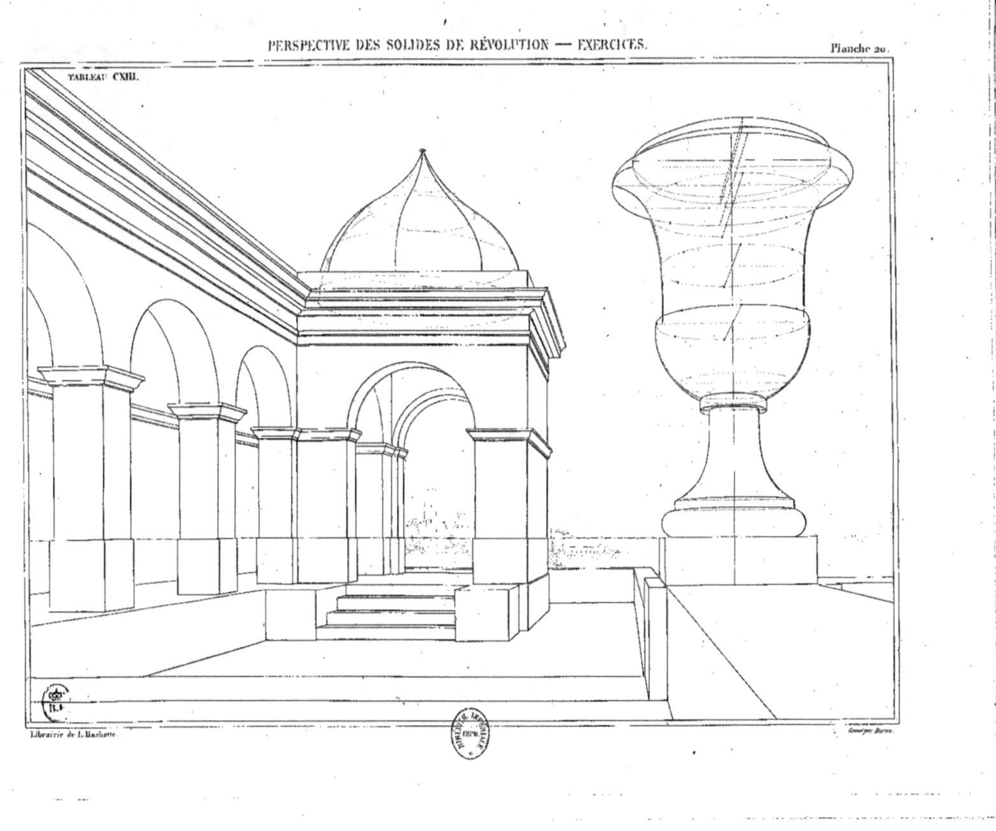

Librairie de L. Hachette.
Gravé par Burin.

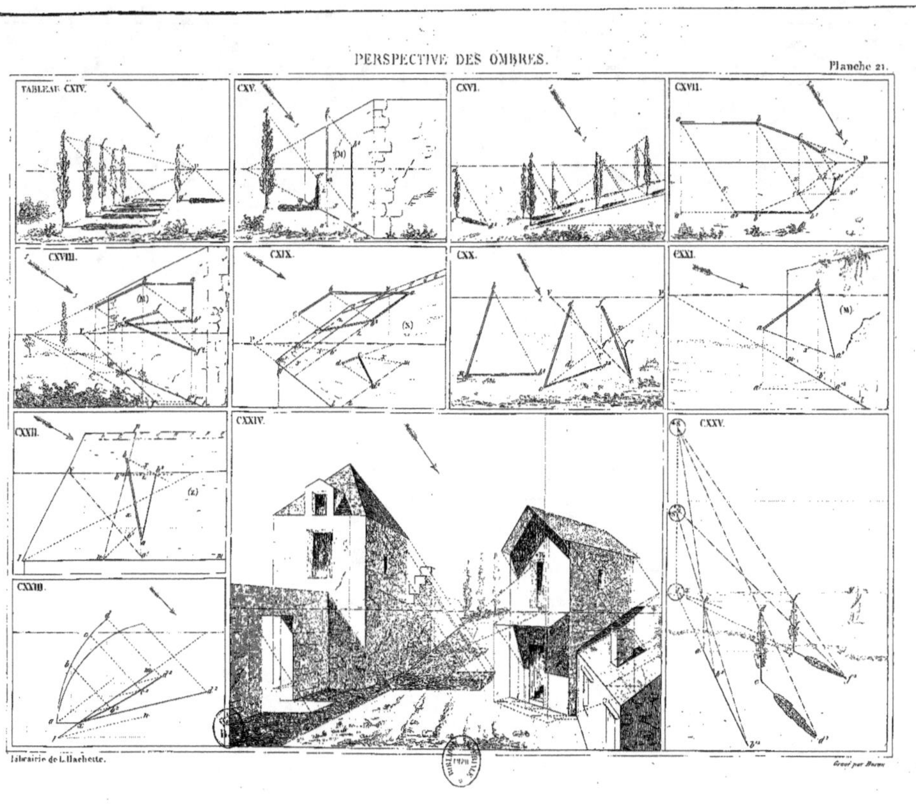

TABLEAU CXIV.
CXV.
CXVI.
CXVII.
CXVIII.
CXIX.
CXX.
CXXI.
CXXII.
CXXIII.
CXXIV.
CXXV.

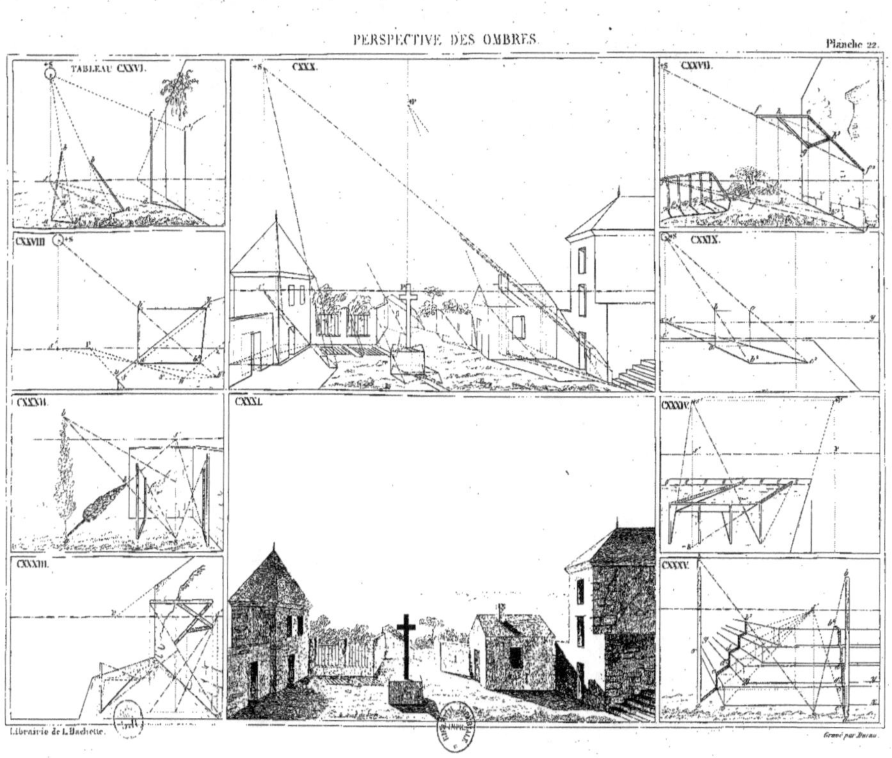
TABLEAU CXXVI.
CXXX.
CXXVII.
CXXVIII.
CXXIX.
CXXXII.
CXXXI.
CXXXIV.
CXXXIII.
CXXXV.

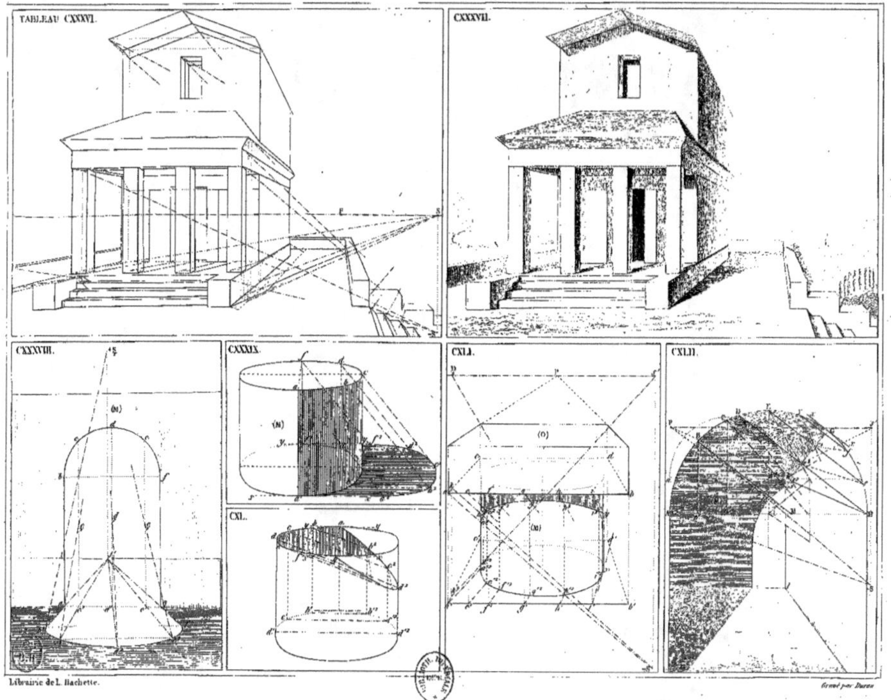

TABLEAU CXXXVI.
CXXXVII.
CXXXVIII.
CXXXIX.
CXL.
CXLI.
CXLII.

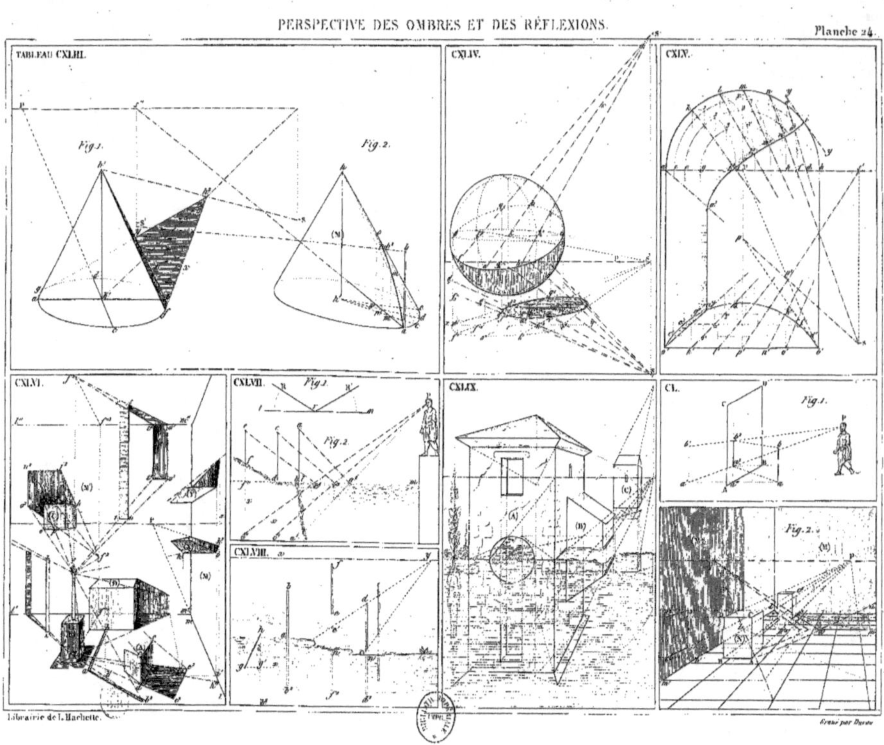
TABLEAU CXLIII.
CXLIV.
CXLV.
Fig.1.
Fig.2.
CXLVI.
CXLVII.
Fig.1.
Fig.2.
CXLVIII.
CXLIX.
CL.
Fig.1.
Fig.2.

Gravé par Dyèvre

www.ingramcontent.com/pod-product-compliance
Lightning Source LLC
LaVergne TN
LVHW020543060726
842525LV00004B/1293